Newton
GRAPHIC SCIENCE MAGAZINE ニュートン

本当に感動する
サイエンス
超入門!

空のふしぎを解き明かす

天気はなぜ変わるのか

JN188661

監修／渡部雅浩
東京大学教授

はじめに

私たちの生活と切り離せないほど身近な「天気」。朝おきたら、まずその日の天気予報をチェックするといったことは、多くの方が行っていることでしょう。近年、猛暑やゲリラ豪雨など、はげしい天候の日が増えています。猛暑日は日中の外出もはばかられるほどの暑さになりますし、大雨が降れば電車は遅延し、台風が来ると農作物に被害がおよびます。天気は、私たちの生活に直結しているのです。しかしながら、そんな天気について十分に理解している方は、それほど多くないかもしれません。

そもそも天気の変化は、どうしておきるのでしょう。そこには気温や水蒸気、雲に気圧、風など、大気のさまざまな状態が影響しています。大気の状態がダイナミックに変わることで、晴れから雨といった天気の変化が引きおこされるのです。私たちがふだんチェックしている天気予報では、このような大気の状態を観測し、未来の天気を予測しています。

本書では、普段あまり意識したことがない「天気のしくみ」をやさしく解説します。1章では「雲のでき方」や「雨の降り方」といった気象の基本を、2章では日本の四季を特徴づける大規模な「風」と「気圧」のしくみを紹介します。3章ではアフリカの雨季や乾季、アジアのモンスーンなど、世界各地に特有の気候を紹介しています。

4章では、「スーパー台風」や「集中豪雨」といった命に関わるような災害や、熱波や寒波、干ばつ、豪雨などの異常気象について解説します。また異常気象と地球温暖化の関係についても見ていきます。

そして5章では、私たちの日々の生活に欠かせない「天気予報」について紹介します。スーパーコンピューターによる「数値予報」を中心に、天気予報がどのようにつくられるのか、また豪雨や台風といったはげしい気象の予測はどのように行われるのか、それらの最新技術をくわしく見ていきます。

気象の理解を深めると、これまで何気なく見ていた空や天気予報が、より興味深いものになるはずです。また災害をもたらす気象のしくみを知ることで、今後想定される災害や、とるべき防災行動について備えることができるでしょう。

本書は気象を一から学びたい方、学び直したい方など、多くの方に気軽に読み進めていただける内容になっています。空のふしぎを解き明かす〝天気の世界〟を、どうぞお楽しみください。

目次

第2章／四季の天気はどうやって決まるのか？

第3章／世界の気象や気候はどうやって生まれるのか？

第4章／「気象災害」と「異常気象」はなぜおきるのか？

第5章／天気予報はどうやってつくられるのか？

第1章

雨や雪はなぜ降るのか？

雲の正体は、水や氷の小さな粒

皆さんは、「天気」といえば、何がいちばん気になりますか？　やはり通勤やレジャーに大きく影響する「雨」と答える方が多いのではないでしょうか。まずは、そんな雨を降らせる「雲」がどうやってできるのかを見ていきましょう。

雲の正体は、とても小さな水や氷の粒がたくさん集まったものです。水蒸気をたくさん含んだ空気が空高くに上昇して、冷えることでつくられます。図１－１に、雲ができるしくみを簡単に示しました。

私たちのまわりの空気には水蒸気が含まれていますが、空気が含むことのできる水蒸気の量には限界があります。気温が高いほど多くの水蒸気を含むことができ、低くなるほど逆に少なくなるのです。そのため、地上にあった空気のかたまりが何らかの理由で上空へ行くと、気温が低くなり、含むことのできる水蒸気の量はどんどん減っていきます。その結果、空気は水蒸気を含んでおくことができなくなり、水蒸気が「あふれる」ことになるのです。ちなみに、あふれるかどう

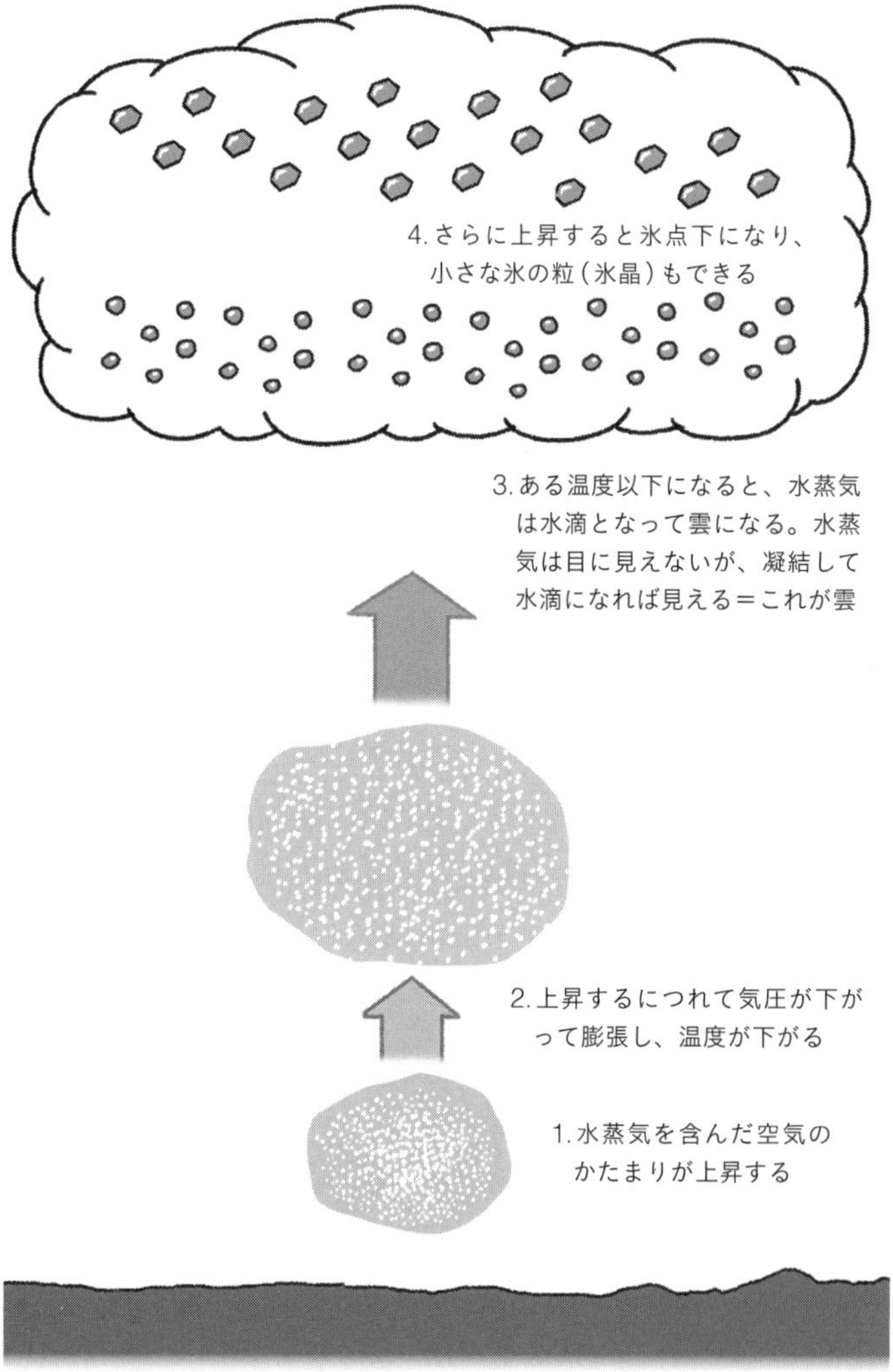

図1-1.　雲ができるしくみ

かをはかる目安のことを「相対湿度」といい、「あふれた」状態は相対湿度100%になります。

そうしてあふれた水蒸気は、水蒸気として存在できず、小さな水の粒や氷の粒になります。この小さな水や氷の粒を「雲粒（くもつぶ、うんりゅう）」といい、この雲粒が無数に集まってできるのが雲です。

雲は簡単にいうと、空気が冷えて水蒸気が水や氷の粒になってできるわけです。そう聞くと、いとも簡単に人工的な雲がつくれそうですが、水蒸気を含む空気が単に冷えるだけでは、雲粒はなかなか生まれません。水蒸気が雲粒になることをサポートする存在が必要なのです。それが「雲凝結核《くもぎょうけつかく》」です。

雲凝結核とは、水蒸気が雲粒になるときの「芯」になるものです。雲凝結核に水蒸気がまとわりつくようにくっつくことで、水滴、つまり雲粒が生まれます。雲凝結核になるのは、空気中に浮遊する「エアロゾル」とよばれる微粒子で、大きさは1ミクロン、つまり1000分の1ミリメートル以下で、さまざまなものがあります（図1－2）。

エアロゾルは、地面から吹き上げられた土の粒子、海の波しぶきに含まれる塩

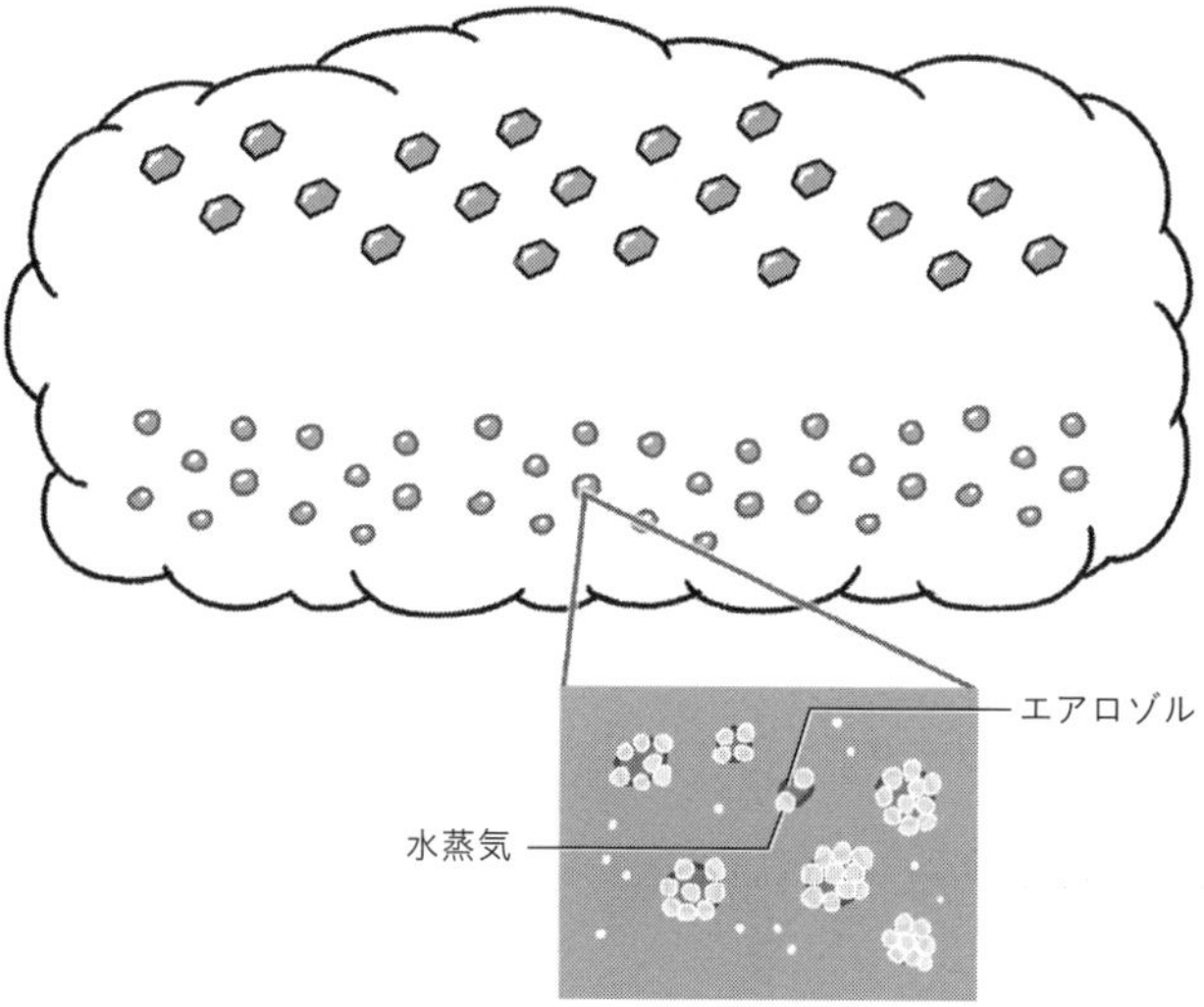

図1-2.　雲粒の構造

エアロゾルを芯に、水蒸気が集まって雲粒になる。

の粒、自動車や工場などから排出される煙に含まれる粒子などをさします。簡単にいうと、空気中に浮かぶとても小さな「ちり」です。この小さなちりが雲の形成に重要な役割を果たしているわけです。

さて、雲がどのようにできるのか、わかりましたか。ところで、水のかたまりである雨は空から落ちてくるにもかかわらず、なぜ雲を形成する雲粒は空から落ちてこないのでしょうか。

理由はとてもシンプルで、雲粒が非常に小さいためです。雲粒の大きさは直径0・01ミリメートルほどで、人間の髪の毛の太さの5分の1程度しかありません。これほど小さいと、雲粒の落下速度は1秒に1センチメートルほどにしかなりません。

大気中には、この落下速度をこえる上昇気流がいたるところに存在します。そのため、雲は落ちてきません。雲粒は落下しようとしているけれど、落下を上回るスピードで上へと吹き上げられているのです。

雲粒が合体し、100万倍の大きさの雨粒ができる

水の粒でできている雲が落ちてこないのは、雲粒がとても小さいからです。では、なぜ雨粒は落ちてくるのでしょうか。

雨粒は、雲粒が成長して大きくなることでつくられますが、その大きさ(体積)はなんと雲粒の100万倍以上です(図1－3)。雲粒は、周囲の水蒸気をどんどん取りこむことで大きく成長していきます。また、雲の中にはさまざまな大きさの雲粒があり、その中で比較的大きな雲粒は、小さな雲粒よりも速く落下します。

そのため大きな雲粒が落下するときには、ほかの小さな雲粒とぶつかります。

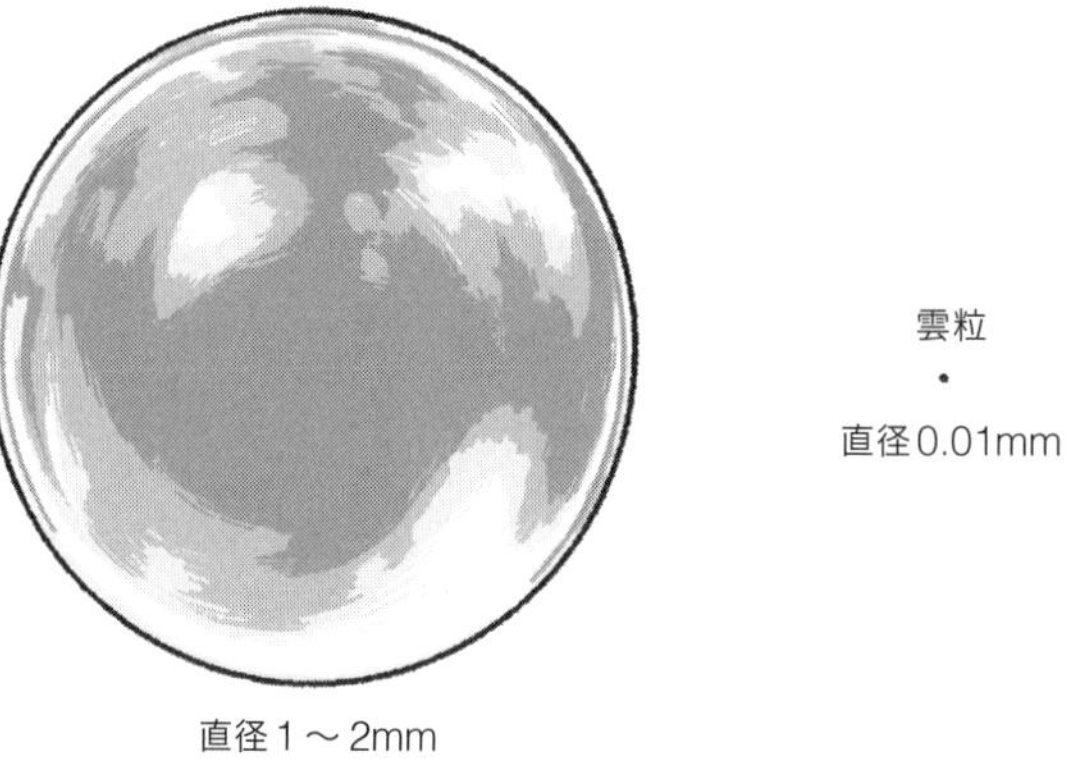

図1-3.　雨粒の大きさ（体積）は、雲粒の100万倍以上

すると、おたがいがくっついて、さらに大きな雲粒になるのです。これをくりかえし、雲粒は最終的に体積が100万倍以上の雨粒に成長します。ここまで大きくなると、もはや上昇気流があっても浮かんでいることはできません。こうして、雨粒として地上に落下するのです（図1－4）。

こうして降る雨には「暖かい雨」と「冷たい雨」の2種類があります。これらは実際に雨水の温度を指しているわけではなく、「雨のできるしくみ」をあらわす言葉です。

まず、すべて水滴でできた雲から降る雨を暖かい雨といいます。一方、高いところにある雲には、水でできた雲粒だけではなく「氷晶《ひょうしょう》」とよばれる氷の粒も存在します。氷晶は

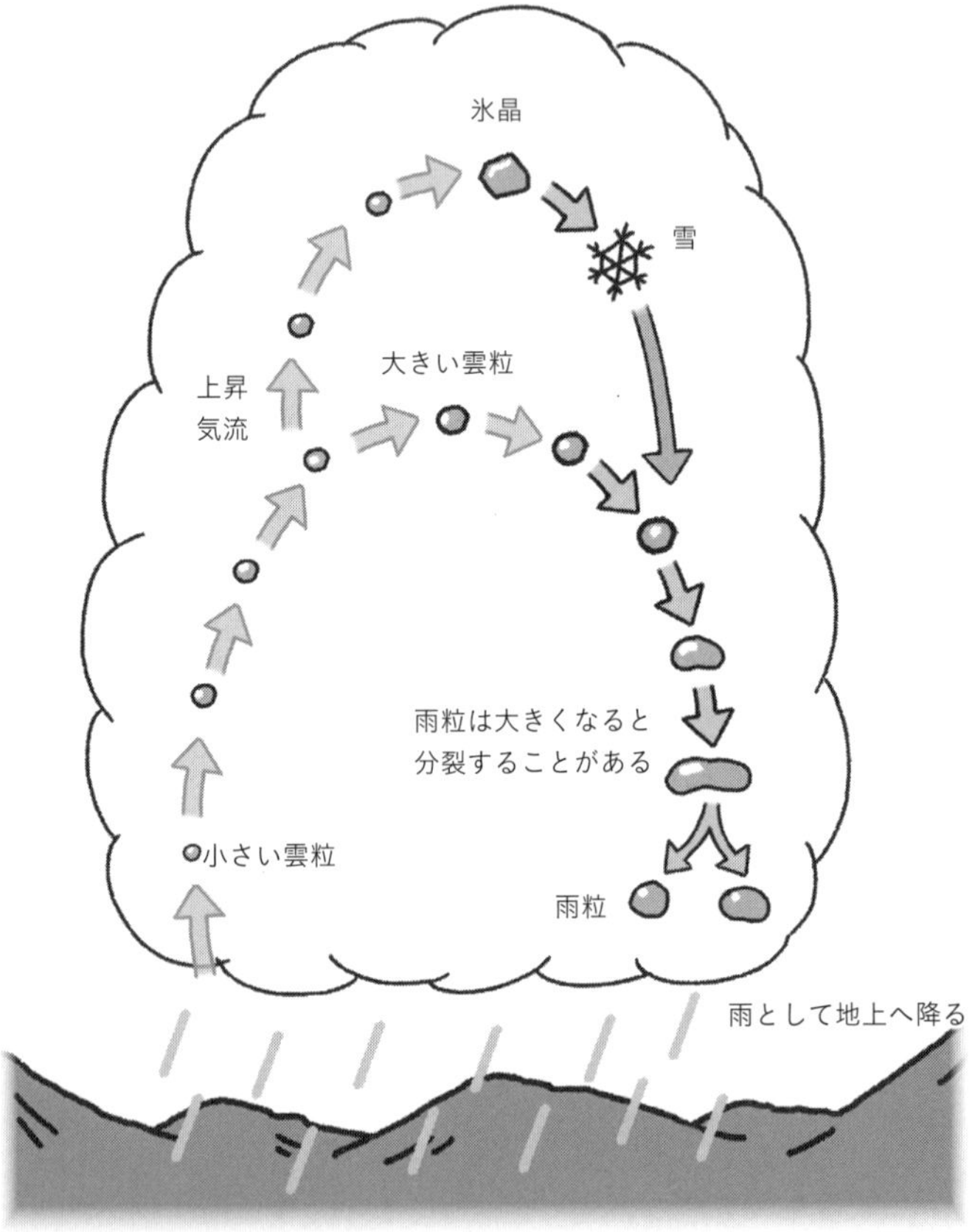

図1-4. 雨粒が落ちるしくみ

空気中の水蒸気を取りこんで大きくなり、雪の結晶になります。その雪の結晶が落下して、途中で溶けると雨になるのです。このようなしくみで降る雨が冷たい雨です。日本などの温帯地方では、冷たい雨が一般的です。なお寒い季節には雪の結晶が、途中で溶けずに地上にまで届くことがあります。これが「雪」です。

個性豊かなさまざまな雲

雲はその日の天気や季節によって、さまざまな形があります。雲はその形と高度などによって、大きく10種類に分類されています。これを「十種雲形《じゅっしゅうんけい》」といいます（図1－5）。

まず高さで分類すると、上空5～13キロメートルほどの高い空に浮かぶ雲は「上層雲」、上空2～7キロメートルの高さに浮かぶ雲は「中層雲」、2キロメートル以下の低い高度に出現するものは「下層雲」とよばれます。上層雲の中には巻雲、巻積雲、巻層雲があり、中層雲には高積雲、高層雲、乱層雲が、下層雲には層積雲、層雲、積雲、積乱雲があります。上層雲の名前には「巻」がつき、乱

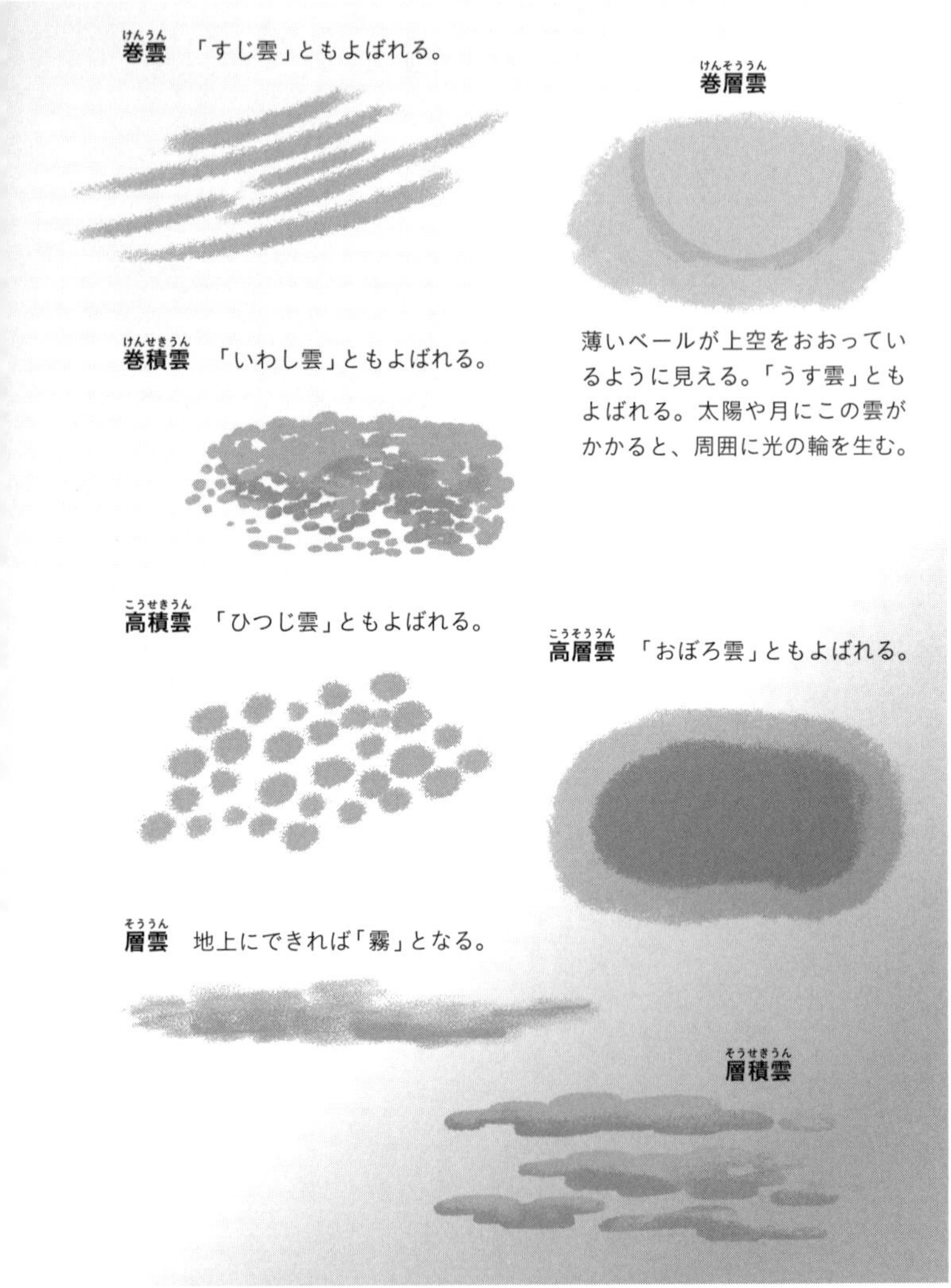

図1-5.　十種雲形

雲はその姿や大きさなどにより、大きく10種類に分類できる。

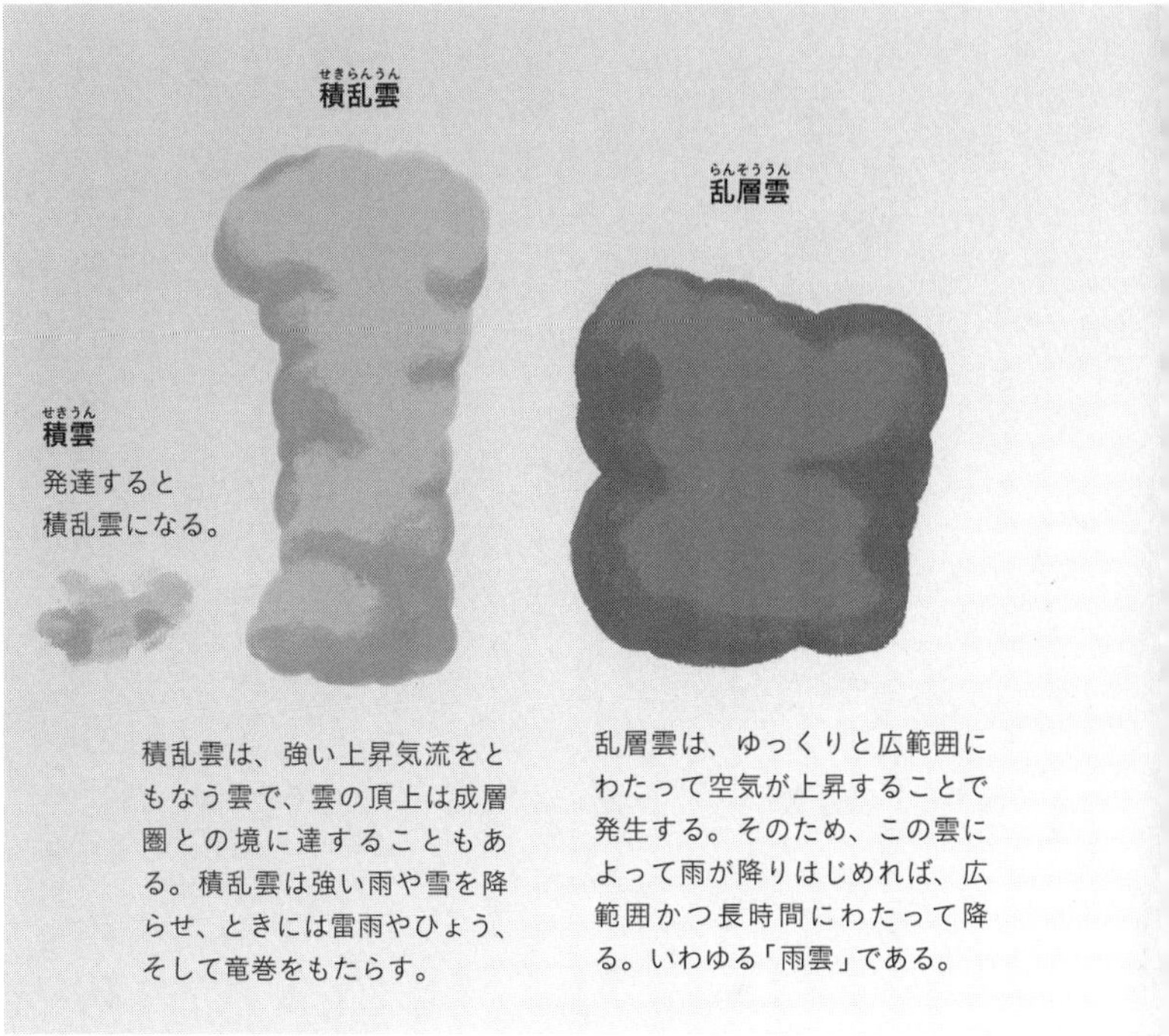
積乱雲《せきらんうん》
乱層雲《らんそううん》
積雲《せきうん》
発達すると積乱雲になる。
積乱雲は、強い上昇気流をともなう雲で、雲の頂上は成層圏との境に達することもある。積乱雲は強い雨や雪を降らせ、ときには雷雨やひょう、そして竜巻をもたらす。
乱層雲は、ゆっくりと広範囲にわたって空気が上昇することで発生する。そのため、この雲によって雨が降りはじめれば、広範囲かつ長時間にわたって降る。いわゆる「雨雲」である。

層雲以外の中層雲には「高」がつくわけです。

さらに形や性質の面では、横に広がる（層状の）雲には「層」が、積み重なるように上に成長する雲には「積」が、雨や雪を降らす雲には「乱」がつきます。なお、十種雲形はあくまで基本的な分類で、もっと細かく分類することもできます。空に雲を見かけたとき、その雲がどんな名前か確かめてみるのも面白いかもしれませんね。

上昇気流と水蒸気で決まる「雲の形」

十種雲形として紹介したように、雲にはさまざまな形があります。いったいどのようにしてそれぞれの形になっていくのでしょう。

雲の形や大きさは、大気中に含まれる水蒸気の量と、上昇気流の方向で決まります。たとえば水蒸気の量がとくに多い空気のかたまりが、大きな速度で真上に上昇した場合、雲は上下、すなわち縦方向に大きく発達します。代表的なものでいうと、夏によく見る入道雲の「積乱雲」です（図1－6）。

一方、積乱雲と同じく水蒸気の量がとくに多い空気のかたまりが、ゆっくりと斜めに上昇すると、雲は水平方

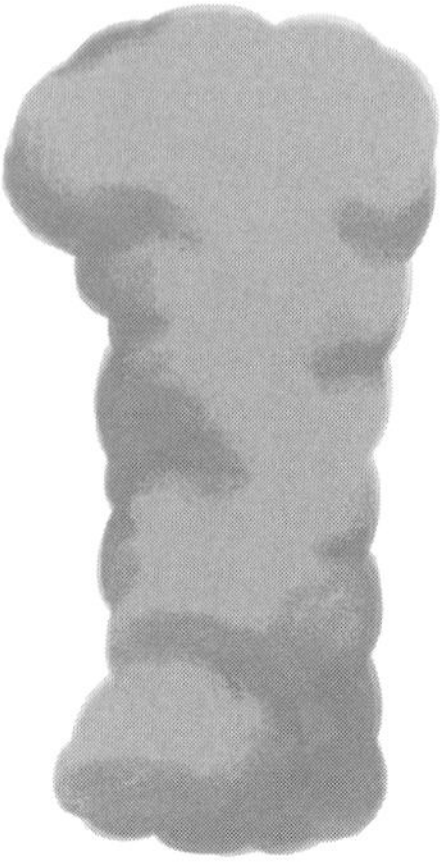

図1-6.　積乱雲

向、すなわち横に広く発達します。代表的なものは「乱層雲」で、低く垂れこめたグレーの雲、いわゆる〝雨雲〟とよばれる雲のことです（図1－7）。

　積乱雲と乱層雲は、どちらも地上に雨を降らせます。積乱雲は土砂降りの雨になりやすく、乱層雲ではしとしとと長く雨が降ることが多いのが特徴です。この二つの雲を見たら、傘をもつようにしてもよいかもしれません。

　ちなみに、十種雲形のほかの雲が雨を降らせないというわけではありませんが、積乱雲と乱層雲以外の雲は、空気に含まれる水蒸気の量が少ない場合にできる雲です。そのため十分な大きさの雨粒が形成されず、強い雨を降らせることはあまりありません。そもそも〝雨のもと〟が少ない雲といえるでしょう。

図1-7.　乱層雲

大雨と大雪をもたらす積乱雲

　雲の中でも、とくに天候に大きな影響をもたらすのは積乱雲です。夕立のような大雨を降らせるほかに雷、竜巻などの突風、あられやひょうなどを発生させる原因となります。梅雨の末期に大雨をもたらす雲や台風も、積乱雲で構成されているため、ときに大きな災害の原因となることがあります。

しかし、実は積乱雲の寿命はほんの1時間ほどです。なぜそんなにすぐ消えてしまうのか、積乱雲の一生を見てみましょう。

積乱雲は、何かのきっかけで上昇気流が生まれると発生します。積乱雲は巨大で、水平方向の広がりは数キロ〜十数キロメートル、高さは15キロメートルに達することもあります。

　そして積乱雲が大きく成長すると、やがてその内部で下降気流が生まれます。積乱雲は上昇気流があると発生するはずなのに、どうして下降気流ができるのか、疑問に思いますよね。その理由の一つは、雨粒が落下するときに、周囲の空

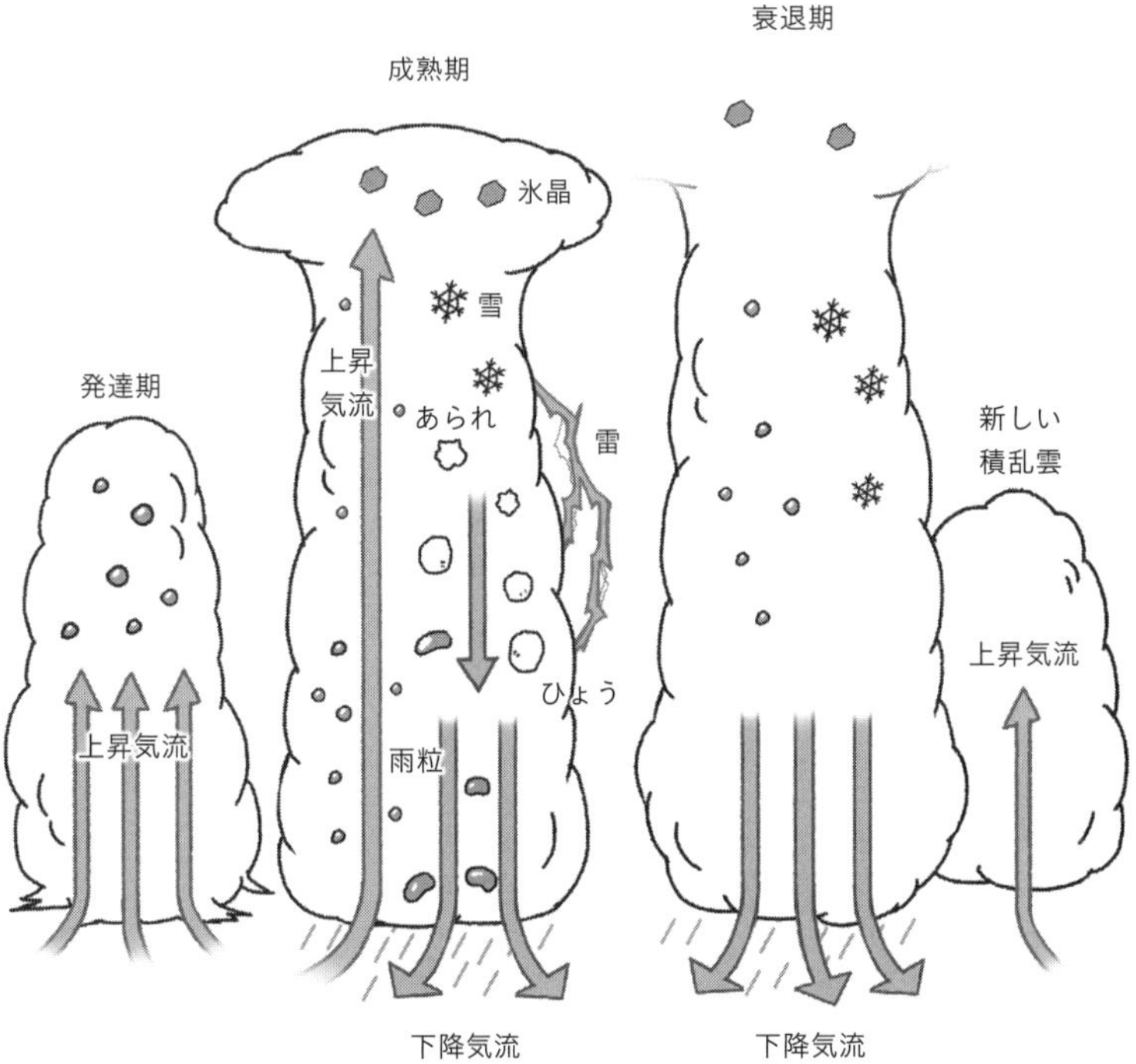

図1-8. 積乱雲の一生

積乱雲は上昇気流によって成長する。しかし雲の中に雨粒ができて落下しはじめると下降気流が発生し、上昇気流を打ち消すため、次第に積乱雲は弱まり、やがて消滅する。

気も引きずりおろすためです。また積乱雲の上部では、先ほど冷たい雨と表現したように、夏でも雪ができ、それが落下の途中で溶けて雨粒になります。その際、雪が周囲の空気から熱を奪うため、空気の温度が下がって重くなり、下降気流が生まれるのです。

こうして生じた下降気流は、上昇気流を打ち消すようになります。そして積乱雲はたった30分〜1時間で寿命を迎え、消えてしまうのです（図1－8）。

ちなみに積乱雲の中では、あられが成長するときに電気をおびるなどして、プラスとマイナスの電気が分かれることがあります。そのような積乱雲は「雷雲」ともよばれ、文字通り「雷」を発生させます。もし雷鳴が聞こえたら、落雷などによる災害がおきる可能性が高まるため、すみやかに安全な車内や室内に避難しましょう。

不安定な大気が積乱雲を生む

前述したように、積乱雲は上昇気流があるときに発生し、巨大化します。大雨を降らせる積乱雲が発生したり成長したりしやすいとき、天気予報などでは〃大気の状態が不安定〃と表現します。

雨を降らせる積乱雲が発達するには、地表からもち上げられた空気のかたまりが上昇気流となって上空へどんどん高く上がっていく必要があります。ですから、上空高くまで上昇気流がおきるような状況のことを、そのようにいうのです。では、どのようなときに高い上昇気流がおきるのでしょうか。

通常、上空の空気は地上よりも低温ですので、温かい地表の空気は、上空よりも軽いことになります。そのため浮力を受けて上へ上へと昇っていきます。上空へもち上げられた空気のかたまりは、膨張して温度が下がります。このとき、上昇した空気の温度が周囲よりも高ければ、空気のかたまりは周囲よりも軽いため、さらに上昇します。そして空気のかたまりは、周囲と同じ温度になるまで上昇をつづけます。

　つまり上空の温度が低いほど、空気はどんどん高く上昇しやすくなるというわけです。いいかえれば、地表にくらべて上空の温度がうんと低いと、大気の状態が不安定といえます（図1－9）。

　また地表付近の空気が湿っていることも、空気を上昇しやすくする原因となります。湿った空気中の水蒸気は、上空に行くにつれて水滴、つまり雲粒に変わることはお話ししましたね。水蒸気は気体から液体（水の粒）に変化するとき、周囲に熱を放出します。そのため、空気に含まれる水蒸気の量が多ければ、それだけ多くの熱が放出されるので温度の下がり方がゆるやかになります。つまり湿った空気のかたまりは、乾いた空気よりも高く上昇しやすいのです。

　まとめると、地表近くの空気が温かく湿っており、上空に寒気が入るなどして地表と上空の間に大きな気温差があれば、地表の空気は高く上昇します。このとき積乱雲が発生・成長しやすくなり、「大気の状態が不安定」になります。地上と上空で気温差が大きいと、積乱雲ができやすいということです。

　ただし、単に大気の状態が不安定なだけでは積乱雲は発達しません。地表付近

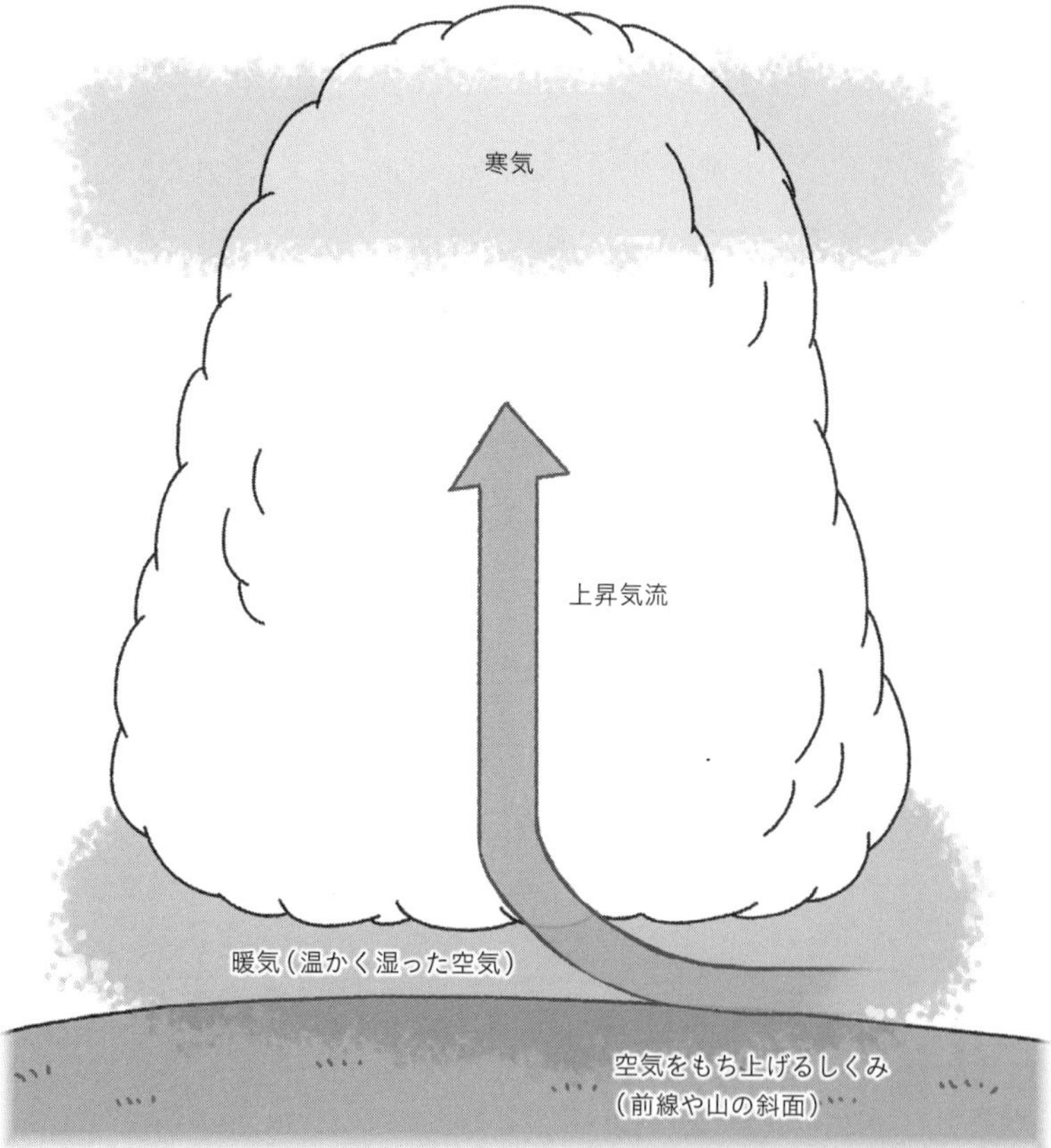

図1-9. 大気の状態が不安定なようす

前線

寒気と暖気が接する境界である「前線」では、暖気がもち上げられます。

風が山をこえる

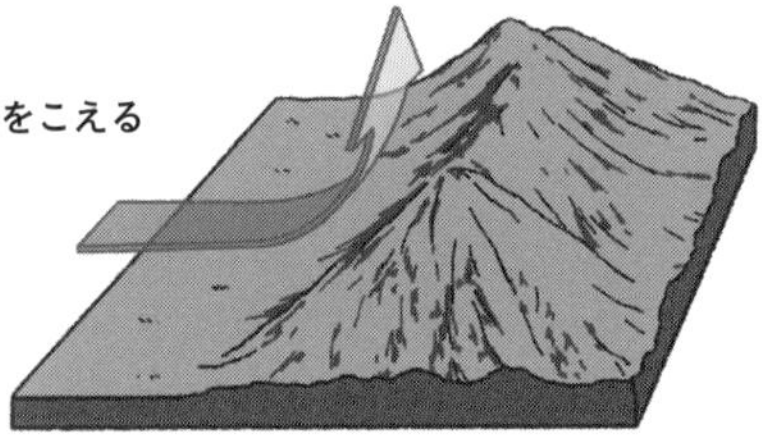

風が山にぶつかると、空気が斜面に沿って上昇します。

風が集まる

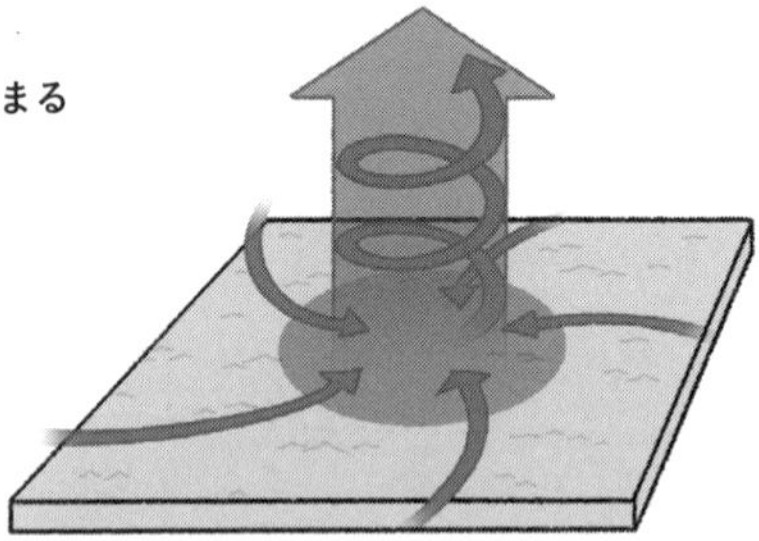

低気圧などで風が一か所に集まると、集まった空気が上昇します。

図1-10. 空気がもち上がるしくみ

前線や山、低気圧などがあると、地表付近の空気がもち上がる。

の空気をもち上げるしくみが必要です。たとえば前線や山、低気圧などがあると、地表付近の空気がもち上がります（図１－10）。積乱雲の発達には、空気が上昇するきっかけが必要なのです。

温かい空気と冷たい空気がぶつかる前線

天気予報ではよく「前線」というワードが登場します。前線とは、温かい空気のかたまりである「暖気」と、冷たい空気のかたまりである「寒気」が接する境界のことです。寒気は暖気よりも重いため、前線では寒気は暖気の下にもぐりこもうとします。そうして上昇した暖気は、上空で気温が下がり、雲をつくります。ですから、前線付近では天気が悪くなり、雨が降ることが多いのです。そのため、前線は天気予報の重要ワードというわけです。

前線には「寒冷前線」や「温暖前線」など、いくつかの種類があります。両者は寒気に暖気がぶつかるのか、それとも暖気に寒気がぶつかるのか、という点がことなります。

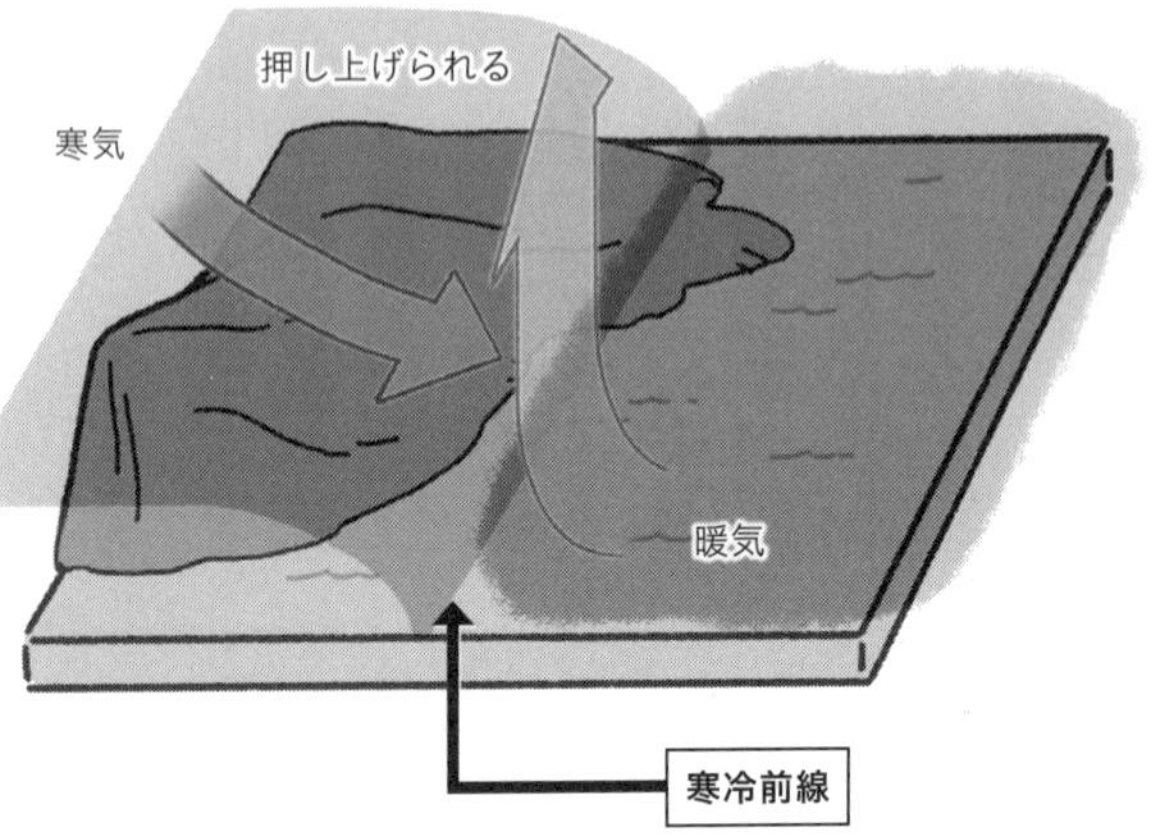

図1-11.寒冷前線のしくみ

まず寒冷前線では、暖気に向かって寒気がぶつかります。寒気は冷たく重いため、暖気の下にもぐりこもうとし、寒気に押し上げられた暖気が上昇気流となります（図1－11）。そうして寒冷前線の上空には、垂直方向に発達した積乱雲が発生し、はげしい雨をもたらします。また寒冷前線が通過すると、冷たく乾燥した風が吹いて、気温が急に下がります。

一方、温暖前線では、寒気に向かって暖気がぶつかります。暖気は寒気の上にのり上がるように、ゆるやかな上昇気流が生まれます（図1－12）。そのため上空の広い範囲に乱層雲などの雲がつくられやすくなります。

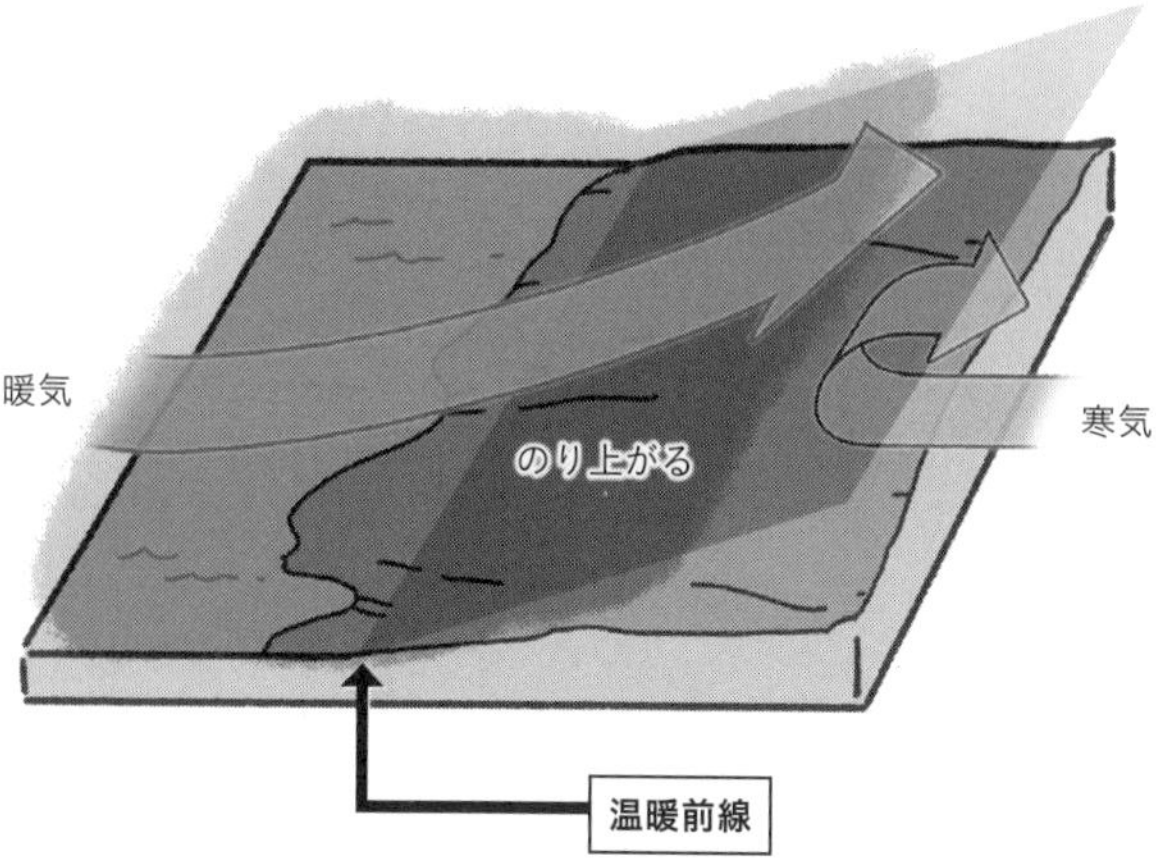

図1-12. 温暖前線のしくみ

温暖前線の付近では穏やかな雨が降ることが多く、温暖前線が通過すると温かく湿った南風が吹き、気温が上昇します。前線の種類によって、発生しやすい雲も変わるというわけです（図1－13）。

前線は、天気予報で鉄条網のような形で表示されます。三角形がついているのが寒冷前線で、半円がついているのが温暖前線です。

前線には、「梅雨前線」や「秋雨前線」というものもあります。この二つは「停滞前線」の一種です。停滞前線とは、暖気と寒気の勢力が同等なときにできる前線のことをいいます。

停滞前線はその名の通り同じ場所に停滞

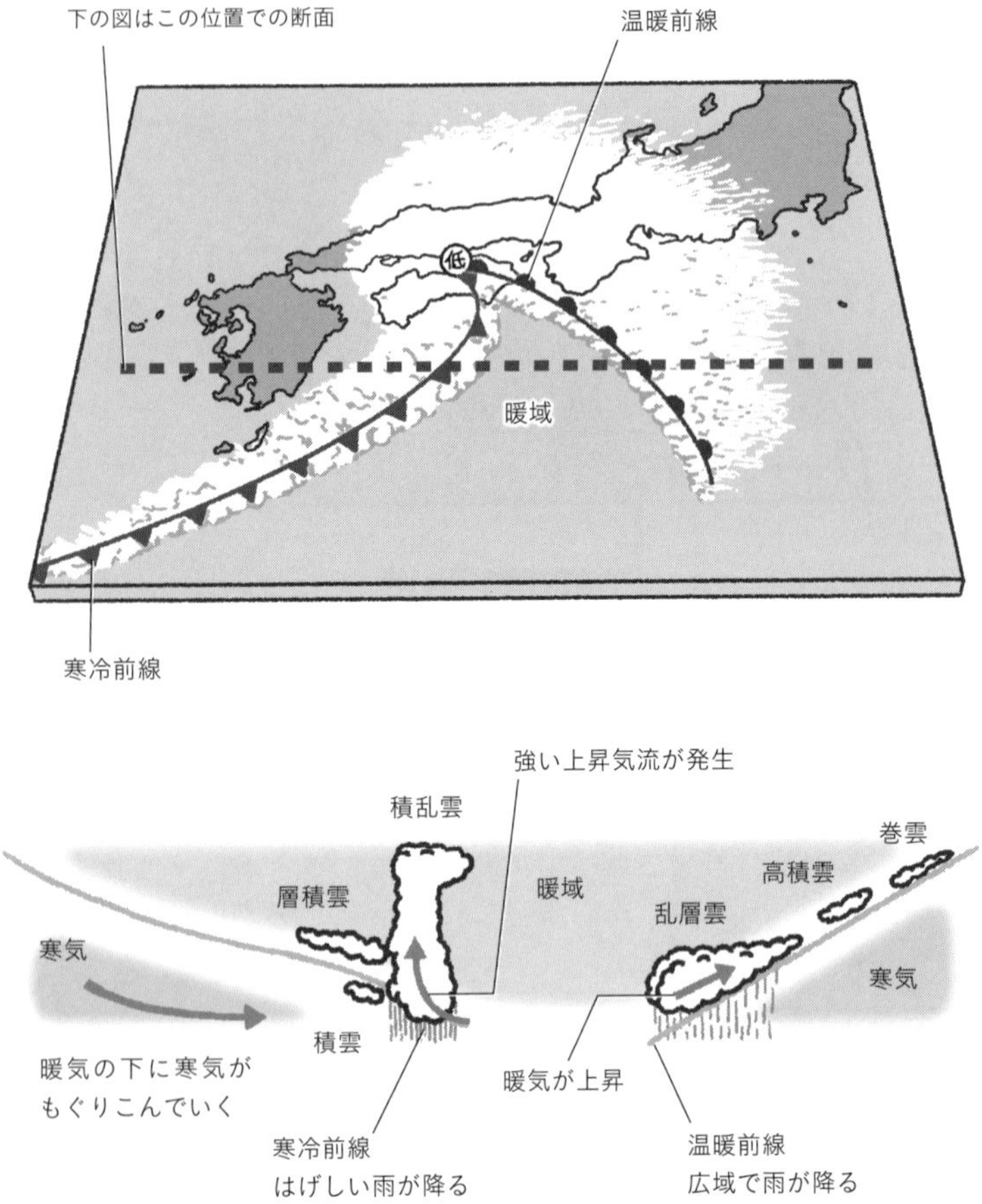

図1-13. 乱層雲などの雲ができるしくみ

前線の種類により、発生しやすい雲は変わる。

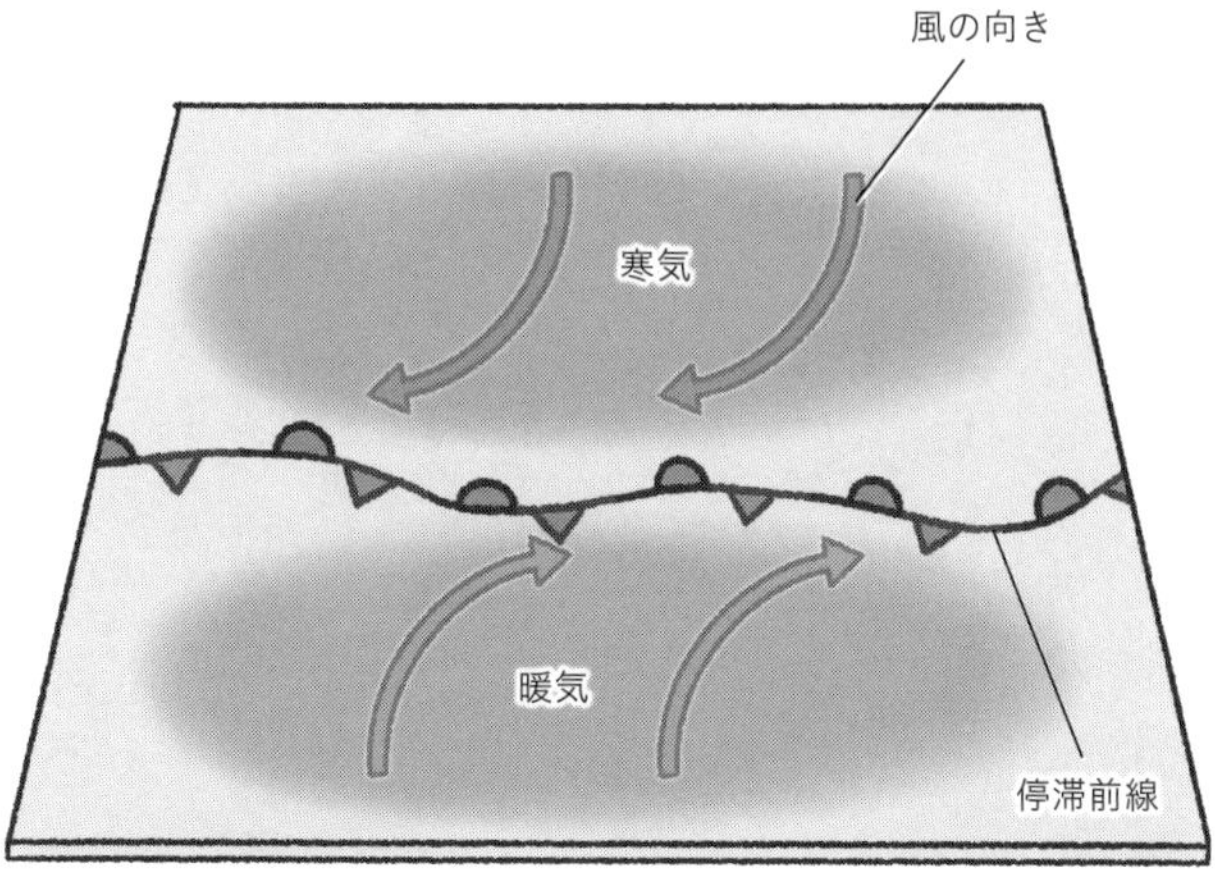

図1-14. 停滞前線

するため、長雨をもたらすのが特徴です（図1－14）。

また温かく湿った空気が流入して積乱雲が次々と発生し、豪雨になることもあります。

停滞前線に台風が近づいた場合はとくにやっかいです。２０１４年8月に広島市で甚大な土砂災害を引きおこした集中豪雨は、このパターンでした。台風で温かく湿った空気が停滞前線に向かって継続的に供給され、活発な雨雲が次々と発生し、大雨をもたらしたのです。

育った環境で決まる「雪の形」

ここまで、雨が降るしくみを紹介してきましたが、次は雪がどのようにして降るのかを説明しましょう。

雪のもとは、先に少し触れた通り、雲の中の「氷晶」です。氷晶は、雲の中の小さな水滴である雲粒が凍ることでできます。しかし雲粒は、温度が0℃以下になってもなかなか凍らないことが知られています。これを「過冷却」といいます。

そのため、上空の氷点下の雲の中で雲粒が凍るためには、前出したエアロゾル（空気中に漂う微粒子）が重要になります。雲粒が凍りはじめるときにも、エアロゾルが起点になるのです。

氷晶の核となるエアロゾルを「氷晶核」といいます。エアロゾルを核にして生まれた氷晶は、周囲の水蒸気を取りこんで成長し、雪の結晶となります。この雪の結晶が溶けずに地上に届くと、〝雪が降った〟状態になるのです。ちなみに、雪の結晶どうしがくっついて大きくなると「ぼたん雪」になります。

また氷晶がもとになり、「あられ」や「ひょう」が降ることもあります。あられは雪が雲の中で落下しながら、過冷却の雲粒、つまり水滴をつかまえて成長したものです。一方、積乱雲の中の上昇気流であられがふたたび上空へもどったり、落下したりをくりかえすと、大きな氷のかたまりであるひょうに成長します。誰しも一度は季節外れのひょうに驚いた経験があるかもしれませんが、ひょうは大きいため、夏でも途中で溶けずに地上に落ちてくることがあるのです。

さて、皆さんの中に、雪の結晶を見たことがある方はいるでしょうか。気温などの条件しだいですが、実は雪の結晶は、肉眼で見ることも可能です。クリスマスツリーなどに飾られている雪の結晶が有名ですが、雪の結晶にはさまざまな形があり、その形は結晶が成長する雲の中の気温や水蒸気の量によって変わってきます。つまり、雪の結晶を見れば、その雪を降らせた雲の状態がわかることがあるのです。

雪の結晶は、まず縦方向にのびていくか、横方向に広がっていくかのどちらか一方の方向性で成長します。どちらになるかは気温で決まります。その後は水蒸気が多いほど、結晶の構造が複雑になっていきます。そのため、雪の結晶は〃空

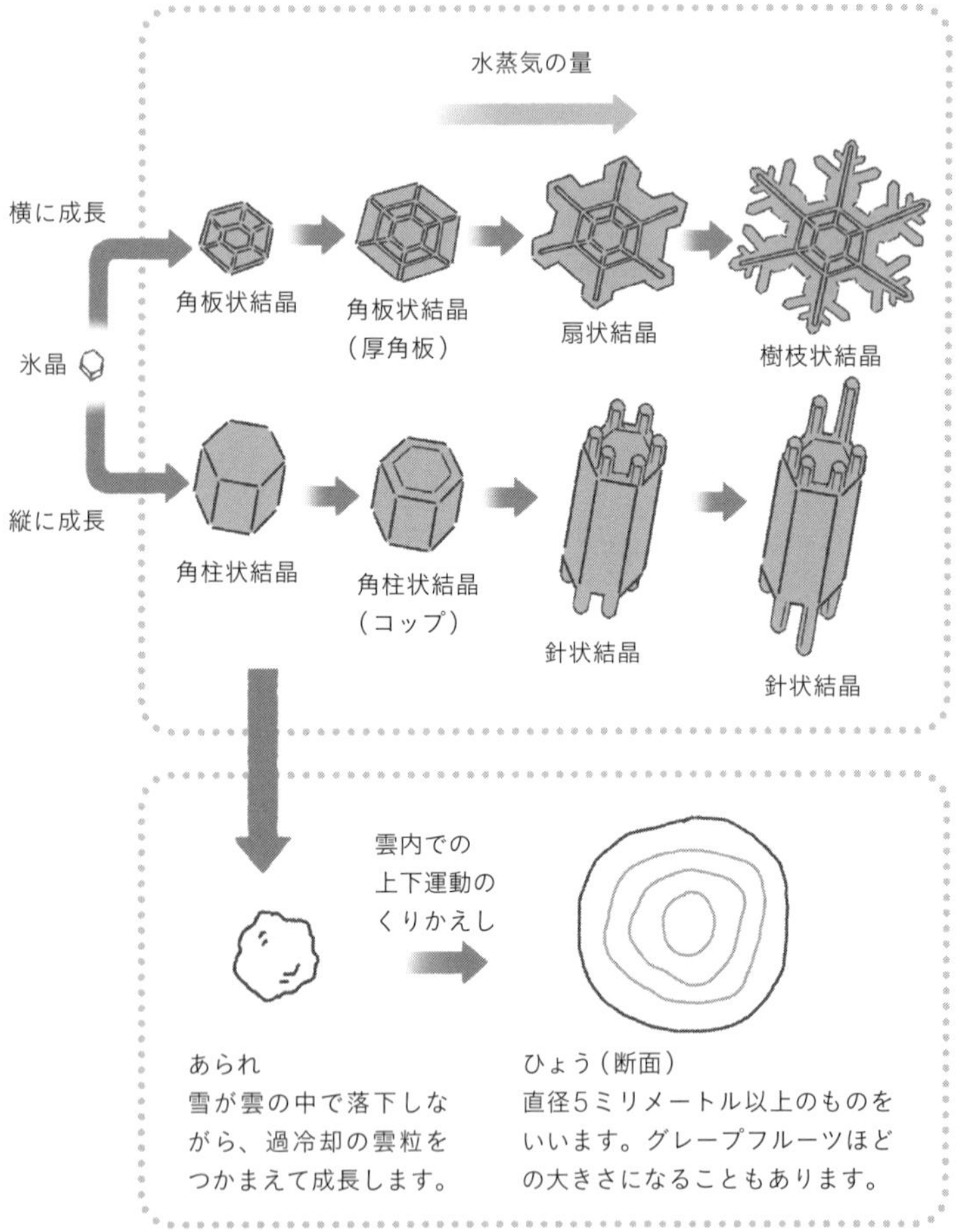

図1-15. 雪の結晶の成長のしかた

からの手紙〃などとよばれることもあります。

図1－15からもわかるように、雪の結晶は六角形が基本になっています。これは結晶をつくる「水分子」のつながり方の影響です。水分子が氷になるとき、六角形に結びつくのですが、雪の結晶はそれを基本単位として成長するため、大きなものも六角形になります。

ちなみに、ここで紹介したような対称的で美しい造形を見せる結晶は、よほど条件のよい場合でないと見ることはできません。地上付近では、雪の結晶が溶けかかっていたり、数百から数千の結晶がからみ合ったぼたん雪となって降ってきたりするためです。きれいな雪の結晶を見たことがある方は、とてもラッキーです！

天気は操作できるのか

ここまでの説明で、「雨や雪の降るしくみがこれだけわかっているのに、急に雨に降られたり、大雪でたいへんなことになったりすることは避けられないのだろうか?」「天気を思い通りに操作できないのだろうか?」と疑問に思う方もいるかもしれません。しかし結論からいうと、現代の科学の力をもってしても。天気を思い通りに操作することはできないのです。

とはいえ、現在さまざまな試みが行われています。たとえば人工的に雨を降らせる「人工降雨」という技術の研究が進められています。すでに存在する雲を刺激することで、雨量を増やすのです。

人工降雨の代表的な方法の一つが、雲の中に「ヨウ化銀(AgI)」の粒や、「ドライアイス(CO_2)」を撒くというものです。ヨウ化銀の粒は、氷の結晶と形がよく似ているため、これらの粒子がいわば〝人工的な氷晶核〟になります。それにより、雲の中に氷晶をつくりやすくするのです。

またドライアイスはとても低温なので、雲の中に新たな氷晶をつくりだします。これらが成長して雪になり、やがて雨が降る、つまり人工的に「冷たい雨」を降らせるというわけです。

さて、この第1章では、雲や雨の基本を紹介しました。第2章では、日本の四季の天気について見ていきましょう。

第2章

四季の天気はどうやって決まるのか？

「低気圧」と「高気圧」が天気を左右する

天気予報で必ずといっていいほど出てくる「高気圧」や「低気圧」。何気なく耳にする言葉ですが、そもそも気圧とは、いったいどのようなものなのでしょう。また気圧はどのように天気と関係しているのでしょうか。

上空から地上までをとりまく空気には重さがあります。普段意識することはありませんが、地上にいる私たちの体にも、上に乗っているたくさんの空気の重力がかかっています。このように上に乗っている空気の重さによって生じる圧力のことを「気圧」または「大気圧」とよんでいます。

そして「低気圧」は周囲とくらべて気圧の低いところ、「高気圧」は周囲とくらべて気圧の高いところを指します。低気圧と高気圧は、周囲とくらべて相対的に気圧が高いか低いかを示すもので、高気圧と低気圧の分かれ目になる基準があるわけではありません。

では、高気圧や低気圧はどのように発生するのでしょうか。まずは低気圧から説明しましょう。地上の空気の温度は、場所や時間帯によってことなります。一般的に、周囲とくらべて温度の高い空気は膨張するため、密度が低くなります。すると、そうした場所では、地上から上空までの空気の重さが周囲とくらべて小さくなります。そのため地上の気圧が低くなり、低気圧となるのです。

一方周囲とくらべて温度の低い空気は、縮んで密度が高くなります。そうした場所では空気が縮んだ分、上空で周囲から空気が流れこみ、地上から上空までの空気の重さが周囲とくらべて大きくなります。そのため地上の気圧が高くなり、高気圧となるのです。

そして場所によって気圧に差があると、空気はその差を埋めるように動きます。つまり、高気圧から低気圧に向かって風が吹くのです。気圧の差が大きくて急激なほど、強い風が吹きます。気圧の高い・低いは、坂の傾きに似ており、ボールが坂の高いところから低いところへと転がるように、高気圧から低気圧へと空気が動く（風が吹く）のです。

低気圧は気圧が低いため、周囲から低気圧の中心へ向けて風が吹きこみます。するとそこでは空気が集まって、上に逃げようとすることで「上昇気流」が発生します。第1章で説明した通り、上昇気流は天気をくずす大きな要因でした。そのため低気圧の周辺では上昇気流によって雲が発生し、天気がくずれやすくなります。

一方、高気圧は気圧が高いため、低気圧とは逆に中心から周囲へ風が吹きだします。するとそこを埋めようとして、空気が上空から吹きこみます。こうして高気圧の中心付近では「下降気流」が発生するのです。下降気流は上昇気流と反対に雲を消失させて、晴れをもたらします（図2−1）。

ところで、天気予報で気圧の話をするときに、よく「ヘクトパスカル」という言葉が出てきますね。ヘクトパスカル（ｈＰａ）とは気象学における気圧の単位です。１ｈＰａは、面積1平方メートルあたりに約10キログラムの力がはたらく圧力ということです。標高0メートルでの平均的な気圧は約１０１３ｈＰａとされています。つまり地上では、１平方メートルあたり10トン程度の圧力がかかっているということです。実は私たちは、とんでもない重さの空気に押されていたのですね。この１０１３ｈＰａを1気圧ともいいます。

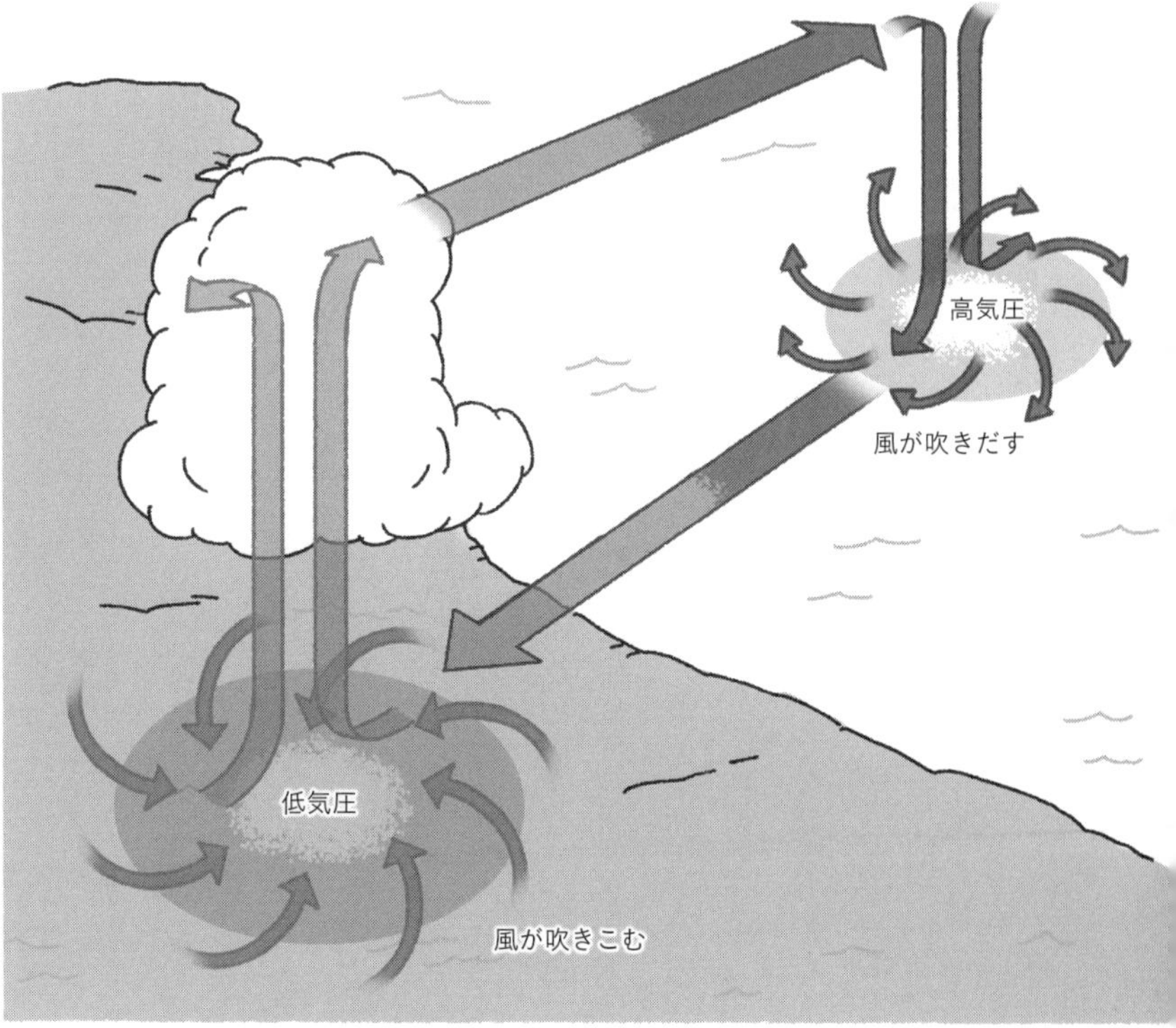

図2-1.　気圧と天気の関係

低気圧は周囲から低気圧の中心に風が吹きこみ悪天候に、
高気圧は中心から周囲へ風が吹きだし、晴天につながる。

日本に四季をもたらす「四つの高気圧」

　日本にははっきりとした四季がありますが、季節ごとの天気の変化にも気圧が大きく関係しています。日本の季節は、冷たく乾燥した空気を吹きだす「シベリア高気圧」、冷たく湿った空気を吹きだす「オホーツク海高気圧」、ユーラシア大陸上空にできる温かな「チベット高気圧」、そして非常に温かく乾いた空気をともなう「太平洋高気圧」という、四つの高気圧に大きく影響を受けています。これら四つの高気圧の勢力は、大陸と海との気温差などの影響を受けて変化し、それが四季の天気の変化を生みだすのです（図２－２）。

　四つの高気圧について理解するためには、まず日本の〝立地〟について、おさえておくことが重要です。日本はユーラシア大陸の横にある、海に囲まれた島国ですが、大陸はいわば〝鉄板〟のようなものです。大陸は、日中は太陽によって温まりやすく、夜間は地面から宇宙に向かって熱が放出される放射冷却によって冷えやすい性質があります。

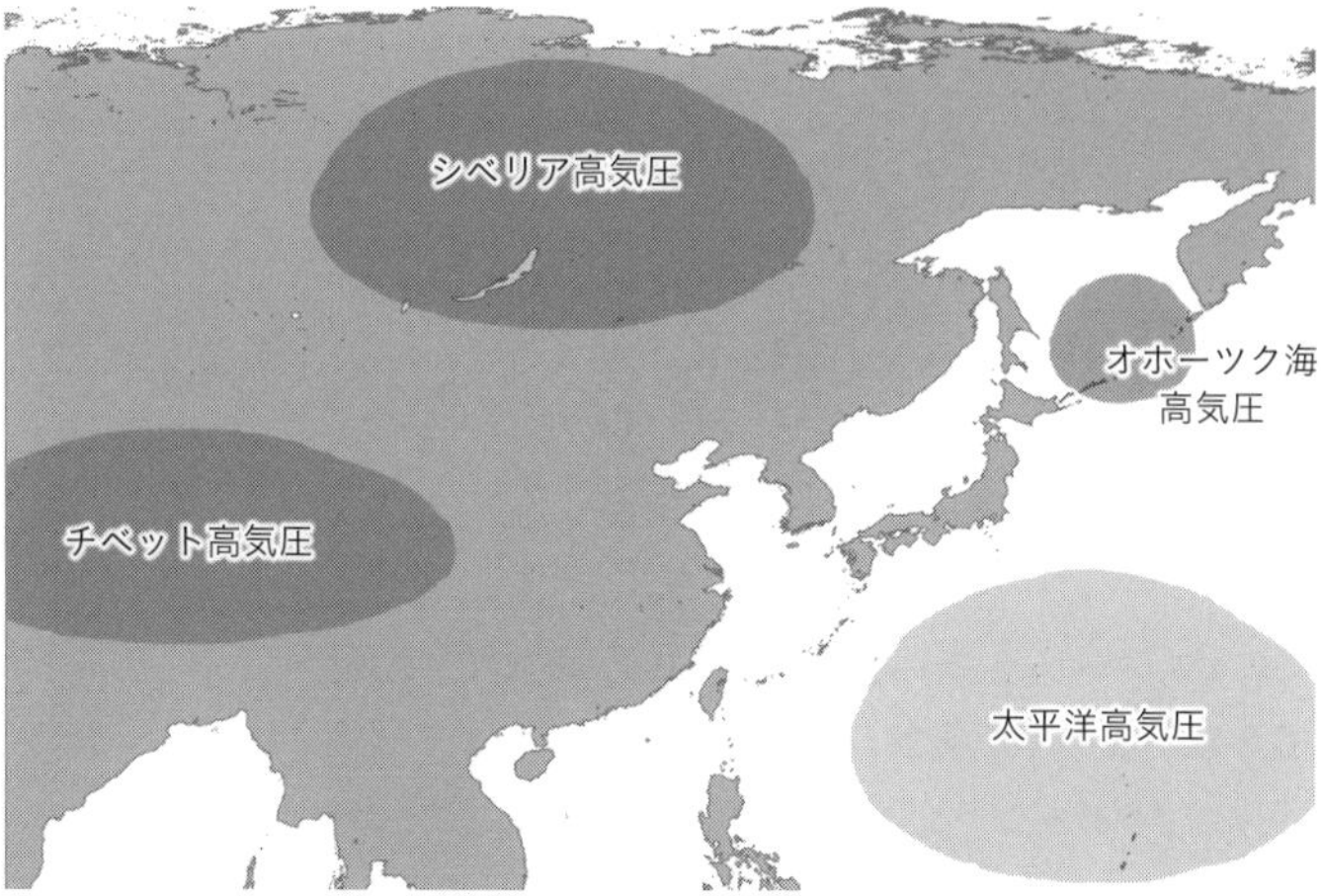

図2-2.　日本の四季の天気に影響する、四つの高気圧

一方で、日本の周囲にある海は温まりにくく、冷めにくい性質をもっています。このような大陸と海との性質のちがいが、性格がことなる四つの高気圧を生み、日本の天候に影響をあたえているのです。これを踏まえて、簡単に四つの高気圧について説明していきましょう。

まず、シベリア高気圧は「冬をもたらす高気圧」で、シベリアの大地で生まれます（図2－3）。大陸の冬は、放射冷却などによって非常に冷えこみます。すると地表付近の空気が冷えて重くなり、シベリア高気圧が発生します。大陸でできた高気圧のため、水蒸気の量が少ないのが特徴です。シベリア高気圧から吹きだす風は冷たく乾燥

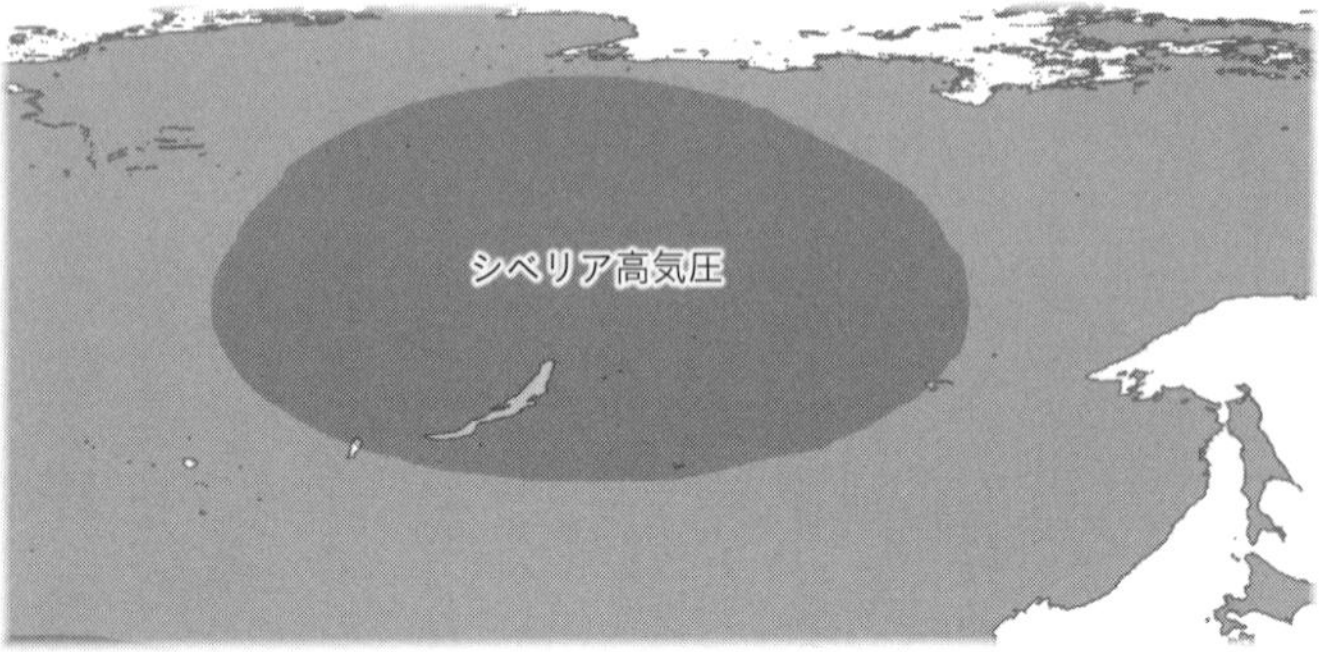

図2-3.　シベリア高気圧

シベリア高気圧から吹きだす風は冷たく乾燥し、日本に「冬の寒い北風」をもたらす。

しており、これが日本に「冬の寒い北風」をもたらす原因となります。

次に紹介するのは、冷たいオホーツク海上でできるオホーツク海高気圧です（図2－4）。春の後半から夏のはじめにかけて、冷たく湿った空気でできたオホーツク海高気圧ができやすくなります。

オホーツク海は気温が上がっても大陸ほどには温まらないため、この季節は気圧が高くなりやすいです。オホーツク海高気圧が北海道や東北地方にいすわると、「やませ」とよばれる冷たい風が吹き、霧を発生させたり、冷害の原因となったりします。また南にある太平洋高気圧との境目には「梅雨前線」ができ、梅雨の季節には大雨を降らせます。

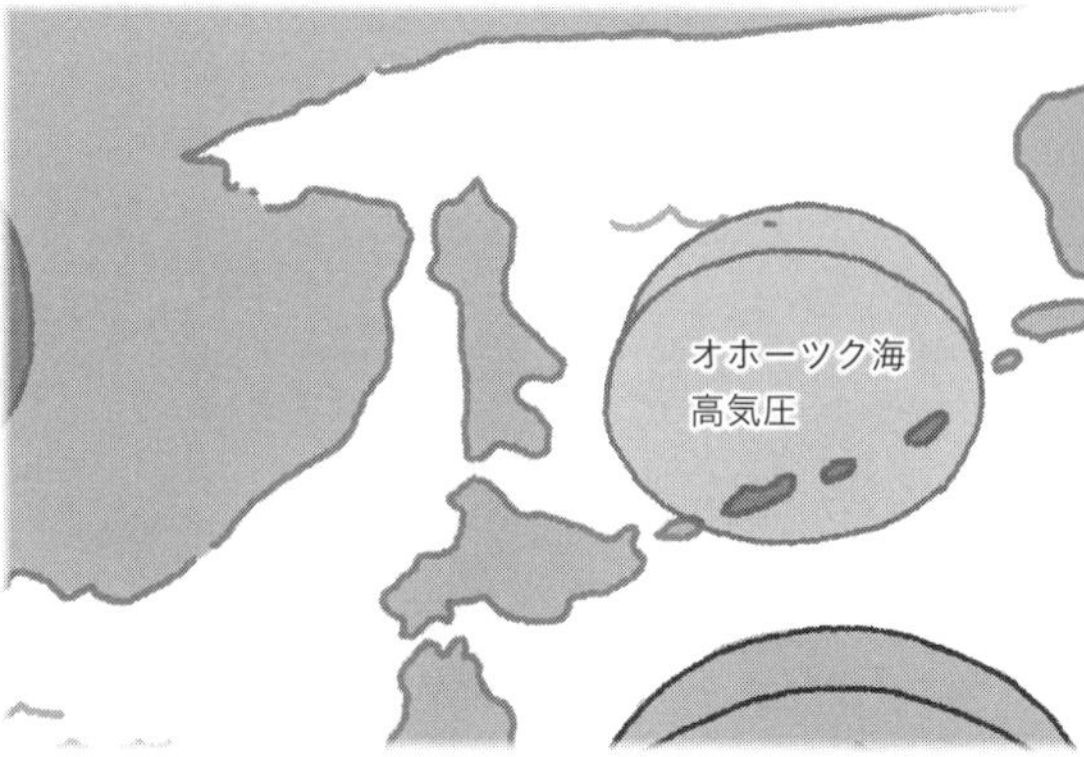

図2-4.　オホーツク海高気圧

北海道や東北地方に居座った場合、霧を発生させたり、冷害の原因になったりする。

チベット高気圧は、日本のはるか西にあるチベット高原を起源とする高気圧です。チベット高原は標高が平均約4500メートルほどもあり、夏になると高原に降り注ぐ日射によって、標高の高い位置にある空気が温められます。その空気が上昇し、上空1万メートル以上の高層で高気圧をつくります。

つづいて太平洋高気圧です。この高気圧は日本に暑い夏をもたらします。赤道付近で温められて上昇した空気が下降することででき、地球の「大気の大循環」という大規模なしくみで発生する、非常に安定した高気圧です。夏になると、日本付近をおおうようになります（図2－5）。

以上の四つの高気圧が、日本の四季の天気

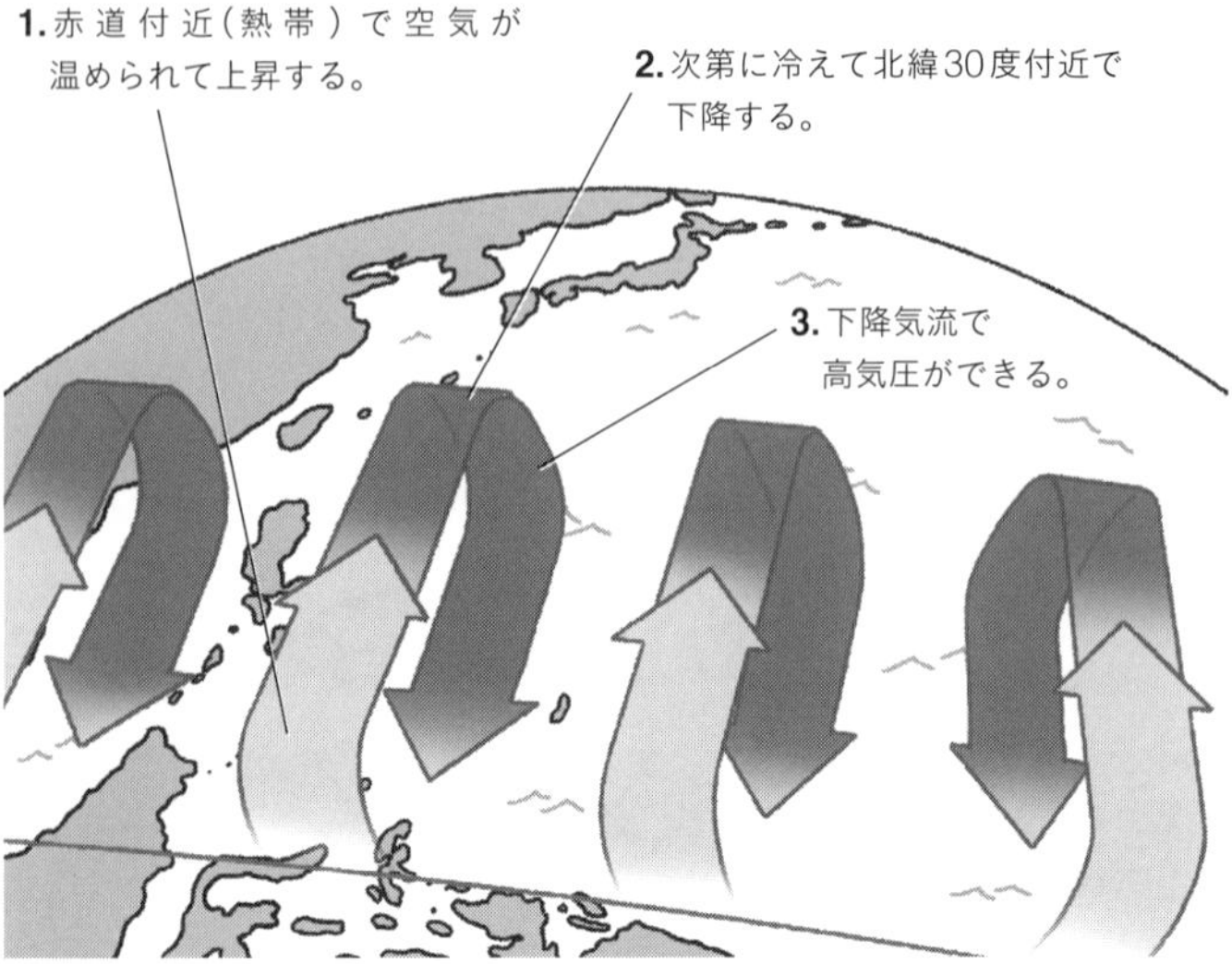

図2-5.　太平洋高気圧

赤道付近で温められて上昇した空気が下降することで発生し、日本に暑い夏をもたらす。

を支配しています。

これらに加えて、春と秋にはよく移動性高気圧が登場します。移動性高気圧は、中国大陸南東部で発生します。春や秋は、沖合よりも冷たい大陸内部で高気圧が発生しやすいのです。一方、沖合は相対的に暖かく、低気圧が発生しやすくなります。

移動性高気圧はその名の通り、東から西に吹く「偏西風」に乗り、東へ移動する高気圧です（図2－6）。偏西風とは、地球の自転の影響で、西から東へ

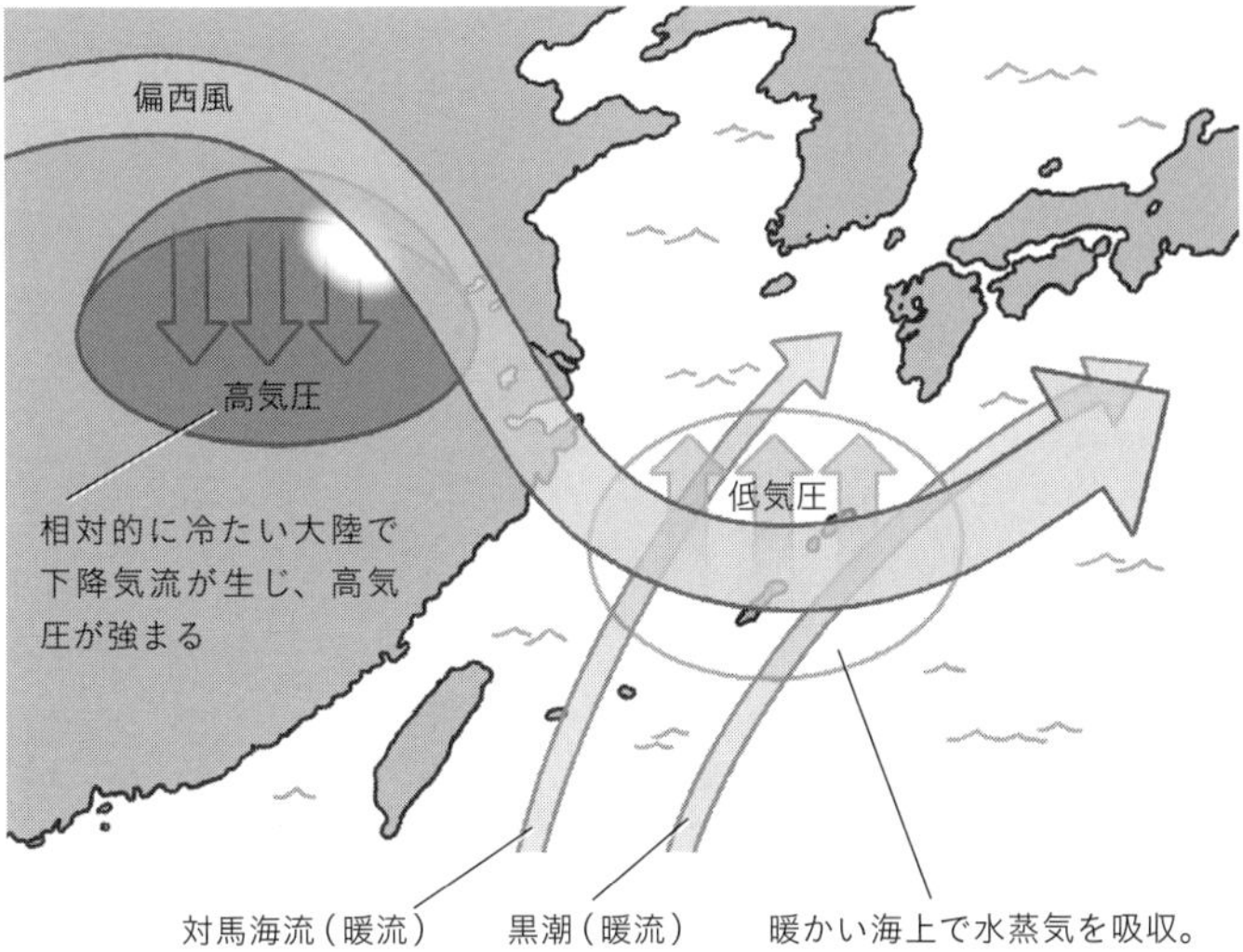
上昇気流（低気圧）が強まる

図2-6.　移動性高気圧

低気圧とともに偏西風に乗り、西から東に次々と移動するため、春と秋は天気が変化しやすい。

と吹く大気の大規模な流れのことをいいます。くわしくはのちほど説明しますので、ここでは強い西風、と覚えておいてください。

偏西風に乗って高気圧が東へ移動するため、春と秋は低気圧と高気圧が西から東へと次々に移動し、日本の天気は数日ごとの周期で変化しやすくなります。

実は移動性高気圧は、年中偏西風に流されてやってきているのですが、ほかの四つの高気圧の影響が小さい春や秋に、とくに天気へ影響をあたえます。よく秋晴れといいますが、この高気圧は中国大陸由来の温かく乾いた空気でできており、気持ちのよい晴天がのぞめます。しかし移動性高気圧はすぐに風で移動してしまうため、残念ながら春や秋の気持ちのよい天気は、長期間味わえないのです。

シベリアからの冷気が大雪を降らす「冬の気象」

ここからは、日本のそれぞれの季節と天気について、さらにくわしく解説しましょう。まずは冬です。冬のきびしい冷えこみや大雪は「西高東低の冬型の気圧配置」のときに、よくもたらされます。西高東低の冬型の気圧配置とは、日本列島の西側に高気圧、東側に低気圧がある状態をいいます。

まず、日本の西側のユーラシア大陸の内陸の冬はマイナス40℃にも達する低温になります。そのため、ここにシベリア高気圧が発生します。これが「西高」です。一方、冬の海上の気温は大陸の地表付近よりも高くなります。その結果、空気が温められて軽くなり、上昇気流が発生します。こうして太平洋側に低気圧が

図2-7.　冬型の気圧配置

日本列島の西側に高気圧、東側に低気圧がある状態。シベリア高気圧から冷たい空気が東に流れだし、大雪を降らせる筋状の積乱雲をつくる。

でき、それが「東低」になります。

　では、なぜこの気圧配置になると、冬らしい天気になるのでしょうか。冬に発達するシベリア高気圧からは、冷たい空気が東に向かって流れでてきます。吹きだした風が日本へ向かう途中には、日本海がありま す。日本海は南から暖流（対馬海流）が流れこむため、冬でも比較的温かい海です。シベリア高気圧からの冷たい空気はもともと乾燥していますが、この温かい日本海の上空を通る際に、水蒸気をたくさん取りこみます。そして日本海側に、冬に特有の筋状の雲をつくりだすのです（図2－7）。

その筋状の雲は、たくさんの雪を降らせることができる「積乱雲の列」です。この列が日本列島を縦断する山脈にぶつかり、日本海側の山地に大雪を降らせます。日本海側が豪雪地帯になるのは、シベリア高気圧から吹きだす風が原因だったのです。

このような積乱雲から降る雪は、丸い形の「あられ」が多くなります。また、雪質は降る地域で変わります。たとえば北海道は緯度が高く、上空の気温が低くなっているため水蒸気の量が少なく、結晶のサイズが小さくてさらさらした雪になることが多いです。

このように、シベリア高気圧は日本海側にたくさんの雪を降らせます。一方で、雪を降らせた空気は山脈をこえる過程で乾燥して太平洋側へ流れるため、太平洋側はおおむね晴れて空気が乾燥しているのです。

シベリア高気圧の弱体化が、春一番をよぶ

つづいては春の天気について説明しましょう。2月なかばになるときびしい寒さが一段落し、北風に変わって生温かい南寄りの強風が日本列島に吹きこみます。これが「春一番」です。

春一番は、シベリア高気圧の勢力の弱まりによって発生します。春が近づき、シベリア高気圧から吹く北西の風が弱まると、偏西風が北上します。その結果、中国大陸で発生した低気圧が日本海を通過することが増え、この低気圧に向かって太平洋側の高気圧から風が強く吹きこみます。毎年、立春後に吹くこの最初の風が「春一番」なのです。春一番は、シベリア高気圧が弱くなったことの証でもあり、それはきびしい冬の終わりを意味します。

春一番は「フェーン現象」を引きおこすこともあります。フェーン現象は乾燥した温かい風が山地を吹き降りる現象で、雪崩や大火事の原因となることもあります。ではいったいなぜ、この現象はおきるのでしょうか。

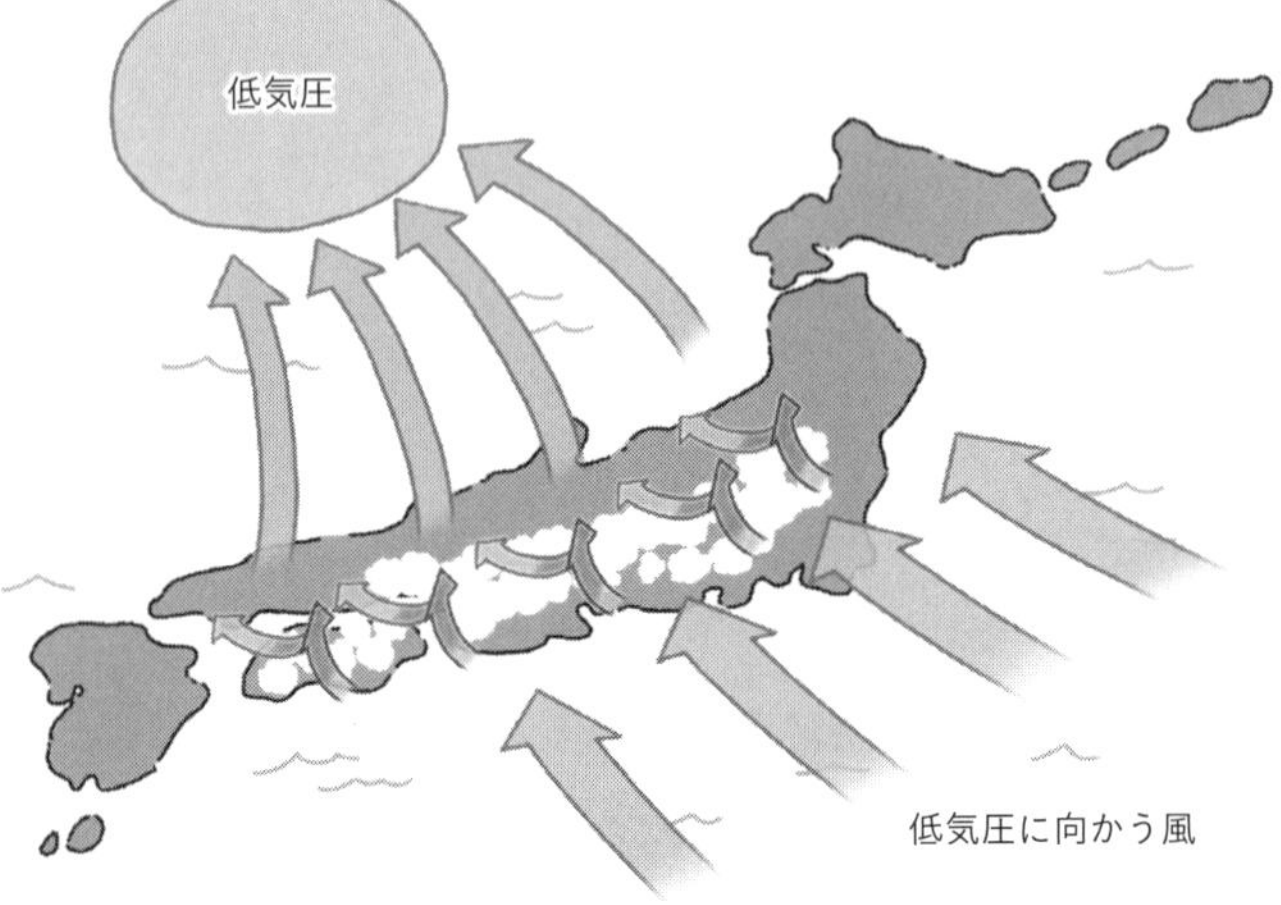

図2-8.　フェーン現象を引き起こす「春一番」の進路

太平洋から日本海の低気圧に向かって吹く春一番は、日本アルプスや奥羽山脈、中国山地などの山脈を乗りこえないといけません（図2－8）。太平洋上で水蒸気を吸収してきた風は、山脈をこえる際に上昇気流となります。そして雲を発生させて、太平洋側の各地域に雨を降らせます。いわゆる春の雨です。そして雨を降らせたあとの乾燥した空気が山地をこえて下ってくると、空気が圧縮されて、乾いた高温の風になります。こうしてフェーン現象がおきるというわけです。

暖気と寒気のせめぎ合いで梅雨がくる

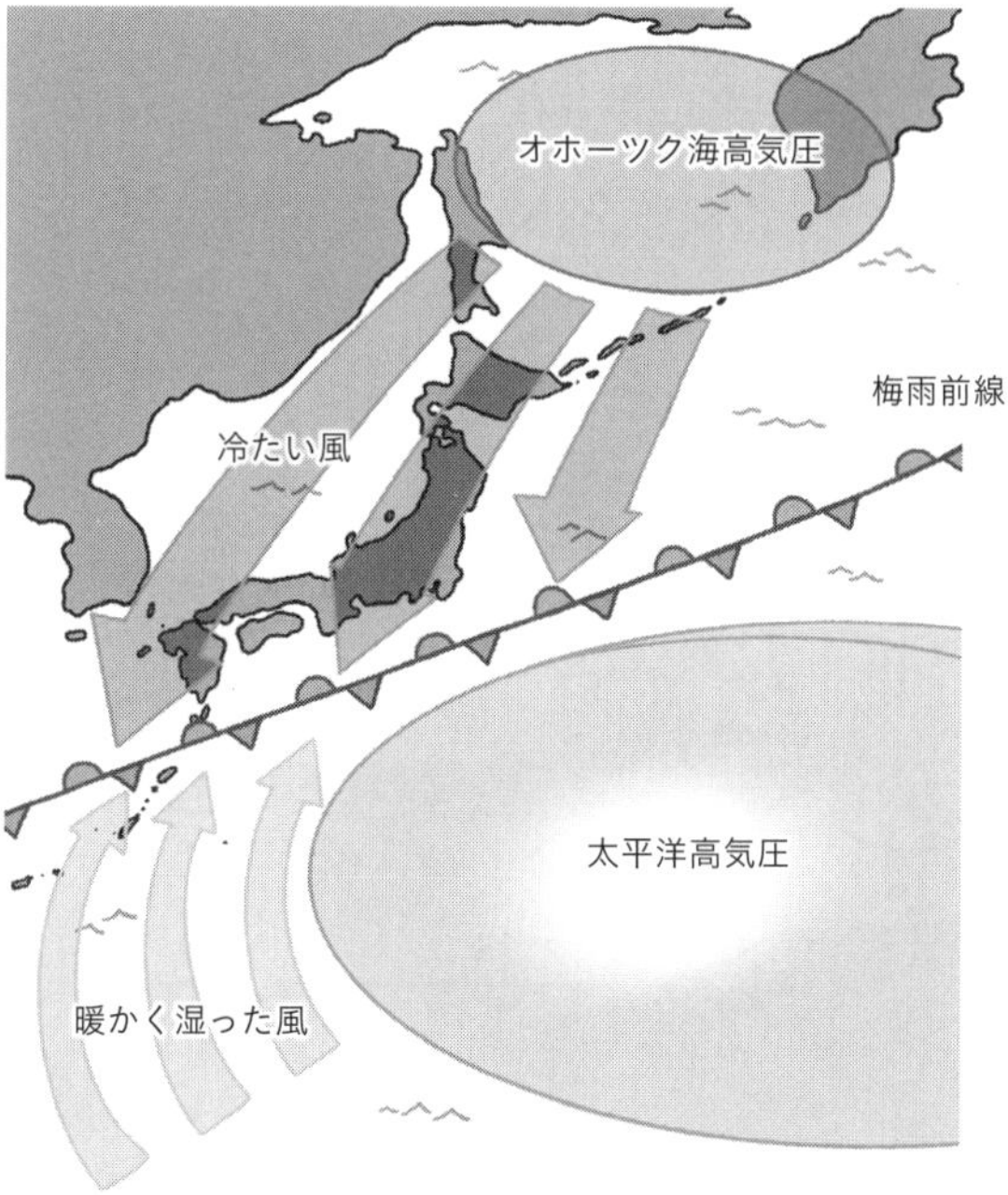

図2-9.　梅雨に入るしくみ

オホーツク海高気圧から吹きだす風と、太平洋高気圧から吹きだす風が日本列島の上で合流し、梅雨になる。

6月上旬から7月下旬にかけて、北海道を除く日本列島は梅雨に入ります。梅雨とは、太平洋高気圧とオホーツク海高気圧の勢力がせめぎ合うためにおきる気象現象です。この時期には北のオホーツク海高気圧から吹きだす風と、南の太平洋高気圧から吹きだす風が

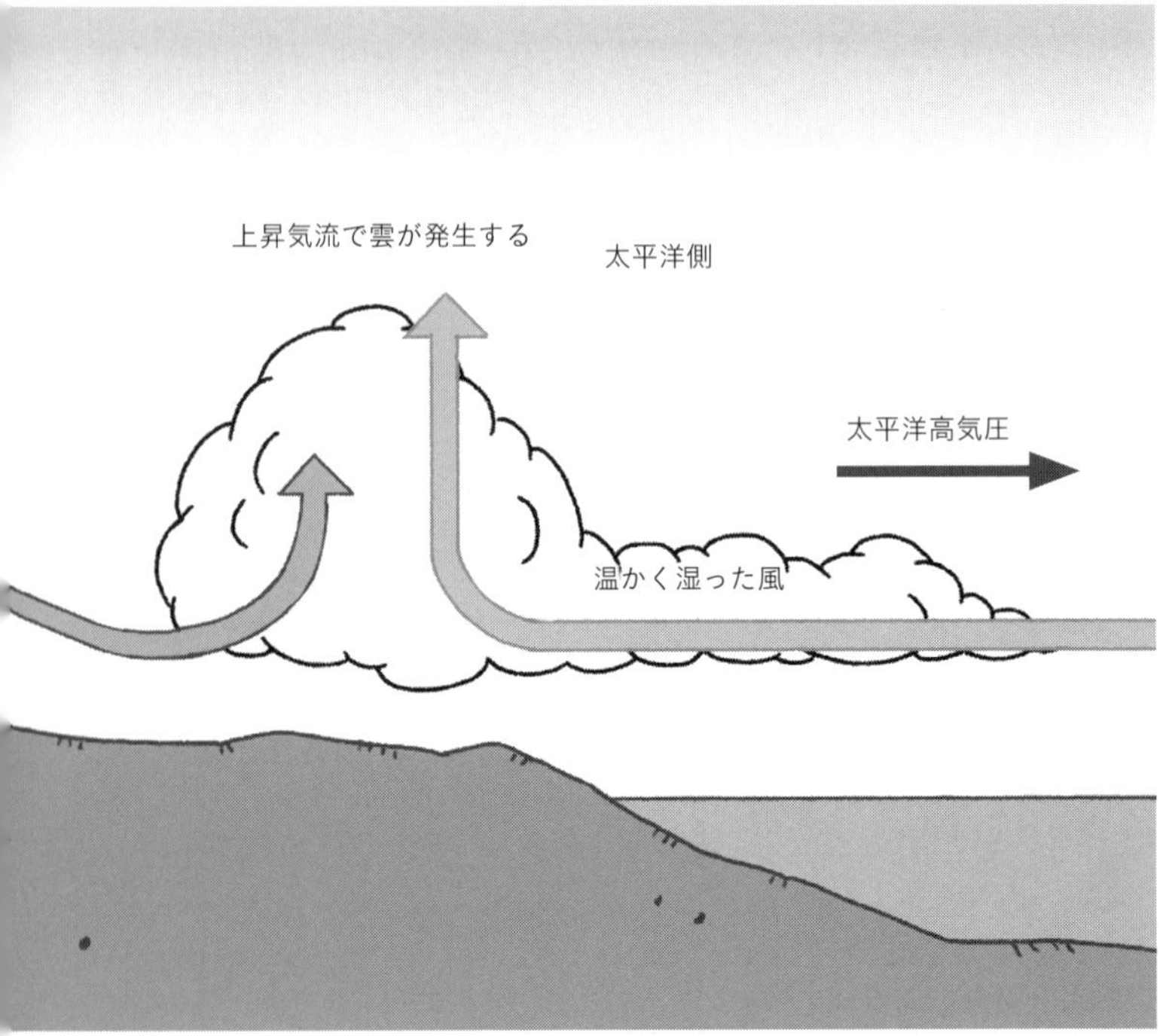

日本列島の上で合流します(図2－9)。

双方からの風の勢力がぶつかると、どちらの風も行き場を失って上昇気流となります。この上昇気流によって雲が発生し、広い範囲で雨が降るのです(図2－10)。このとき、せめぎ合う二つの空気の境界を梅雨前線といいます。

勢力がつり合っているかぎり、この上昇気流は同じ場所にとどまりつづけます。

図2-10.　梅雨の雨が降るしくみ

気圧のせめぎ合いで上昇気流が発生し、雲が生まれ、広い範囲で雨が降る。

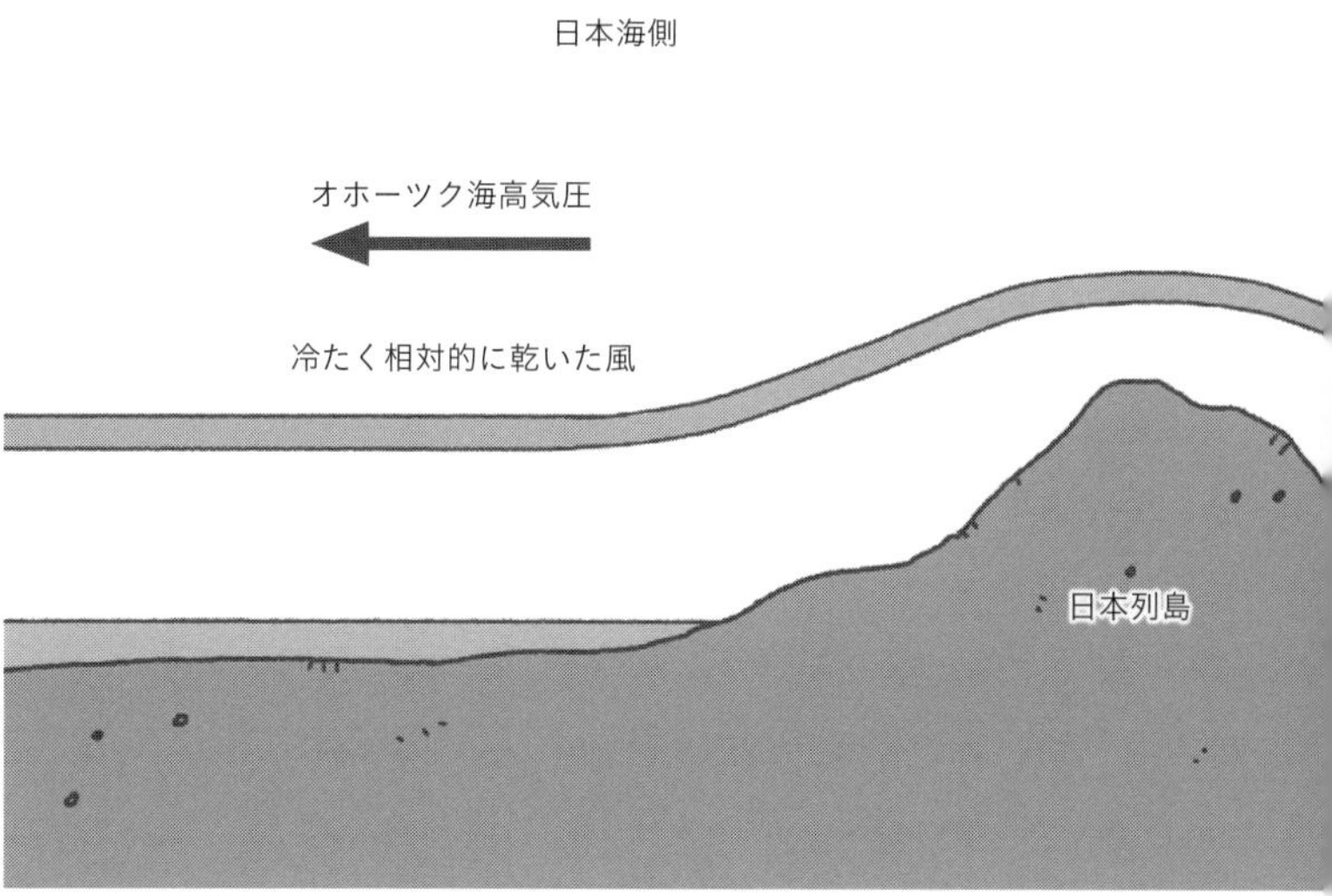

オホーツク海高気圧からの風は北から吹くために涼しく、太平洋高気圧の風は南から吹くので温かです。両者とも水蒸気を十分に吸収していますが、温かい南風の水蒸気量のほうが圧倒的に多くなっています。この風によって水蒸気が絶え間なく供給されるため、雨が長くつづくのです。

太平洋高気圧が梅雨前線を追いはらう

例年7月中旬頃になると、ようやく梅雨が明けます。長雨をもたらす梅雨前線が停滞していたのは、オホーツク海高気圧と太平洋高気圧の勢力のバランスがとれていたためでしたね。しかし夏が近づくと太平洋高気圧の力が強まり、バランスがくずれます。するとオホーツク海高気圧からの風を押し返すようにして梅雨前線が北上し、日本付近は南から「梅雨明け」となります。太平洋高気圧は非常に安定しているため、その影響下に入ると長期間にわたって晴天がつづき、蒸し暑い日本の夏が到来するわけです。

ただし、年によって太平洋高気圧の勢力が強まらないことがあります。この場合、日本付近は雨雲におおわれつづけるため、日射が弱くなり「冷夏」となります。冷夏には、いくつかのパターンがあります。たとえば「全国低温型」は、太平洋高気圧の勢力が南にかたより、全国的に北東の風が吹いて気温が低くなります。また「北冷西暑型」では太平洋高気圧の勢力が強く、西日本から東日本をおおって暑くなる一方で、オホーツク海高気圧との間に前線が停滞したり、低気圧が通過したりします。そのため北日本では北東の風が吹いて涼しくなり、なかなか梅雨が明けない、という事態に陥ることもあります。

二段重ねの高気圧が、日本を「猛暑」に

太平洋高気圧がオホーツク海高気圧に打ち勝つと、いよいよ本格的な夏がやってきます。夏には、東の海上で発達する太平洋高気圧が日本付近まで張りだします。この太平洋高気圧から吹きだす温度の高い空気は、海上を流れる間にたくさんの水蒸気を取りこみます。この空気が、日本に暑くて湿っぽい風をもたらすのです。太平洋高気圧がさらに張りだし、日本列島全体をすっぽりとおおうと、夏らしい晴天がつづくようになります。

ここ最近は猛暑日が増えています。少し前の話になりますが、2018年の初夏、全国的に記録的な猛暑がつづいたのを覚えているでしょうか。埼玉県熊谷市では2018年7月23日に、国内の統計開始以来最高となる41・1℃を記録しま

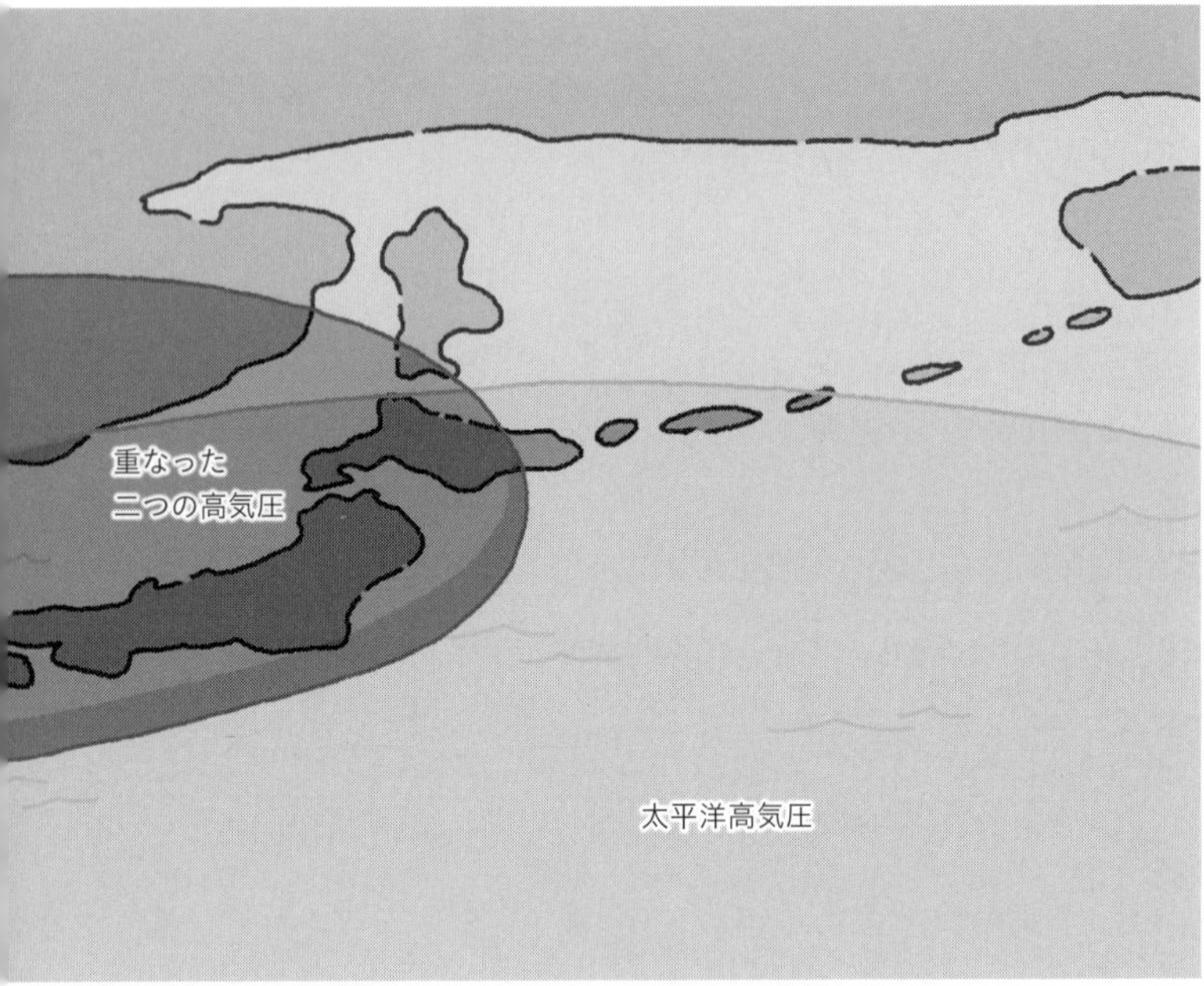

した。2018年の初夏は、なぜそれほどまでに暑かったのでしょう。理由は二つあります。一つは、太平洋高気圧の勢力が非常に強い状態がつづいたためです。そしてもう一つは、ユーラシア大陸の上空にできるチベット高気圧が東に張りだし、背の低い太平洋高気圧の上にかぶさるようにして、日本上空を長くおおいつづけたことです。いわば〝高気圧の二段重ね〟といえる状態です（図2－11）。

太平洋高気圧とチベット高

図2-11.　猛暑の原因となる“高気圧の二段重ね”

太平洋高気圧の勢力が強く、チベット高気圧が日本列島付近まで張りだすと、猛暑になる。

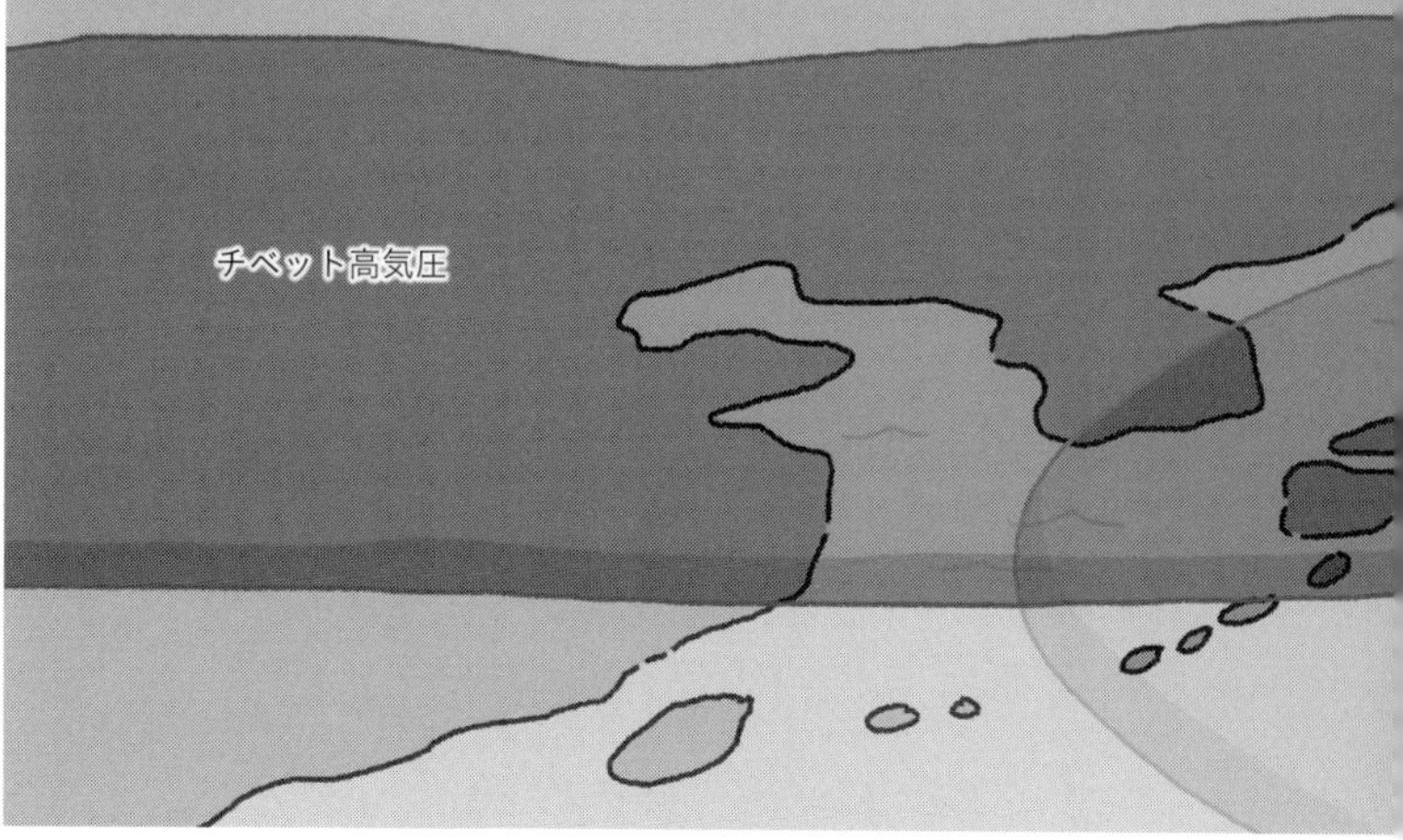

気圧が日本をおおうと、温かい空気が地上付近に供給されます。また2018年にかぎらず、チベット高気圧が日本列島付近まで張りだすときびしい猛暑となります。熱中症にはくれぐれも注意しましょう。

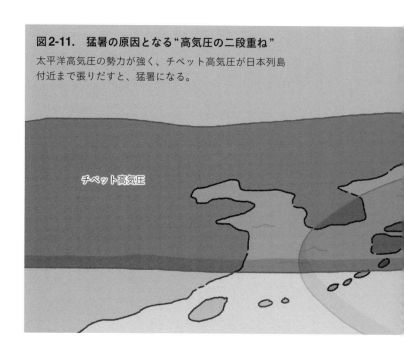

海の上で発生した台風が日本をおそう

夏からから秋にかけては、台風が日本をおそいます。この台風は、いったいどこから来ているのでしょう。台風はフィリピンの沖合など、高温多湿の熱帯海上で生まれます。そこでは平均で年間約25個の台風が発生し、そのうち平均約3個が日本に上陸しています。ただし台風の多かった2004年には10個も上陸し、大きな被害をもたらしたため、あくまで平均ということを忘れないでください。

台風の故郷となる熱帯の海域は海水温が非常に高く、大気も高温で、多量の水蒸気を含んでいます。しかも上昇気流が生じやすくなっているため、次々と積乱雲が発達します。この熱帯の海でできた積乱雲が〝台風の卵〟となるのです。

積乱雲が次々とつくられると、巨大な雲の集合体になります。すると地球の自転の影響で強い渦を巻くようになり、台風ができます。台風は積乱雲が集合して成長するのです。

台風になったあとも、水蒸気はつねに温かい水面から送りこまれてきます。それを燃料にして積乱雲はつくられつづけ、台風はより巨大なものとなっていきます。そして勢力を強めると、渦の回転の遠心力で中心付近の雲が外側へと追いやられ、「台風の目」ができます。このように成長しながら、台風はゆるやかにカーブをえがいて日本にやってくるのです。

くわしくは第4章で説明しますが、台風の進路は太平洋高気圧の勢力に大きく影響を受けます。太平洋高気圧が一定の勢力を保っているときに、台風は日本にやってきます。太平洋高気圧の勢力が弱いと台風は日本付近まで運ばれず、南の海上で進路を東に変えるのです（図2－12）。

では、日本までやってきた台風はそのあとどうなるのでしょう。前述したように、台風の積乱雲をつくるのは、海水面から蒸発する水蒸気です。そのため陸地や水温の低い海域を通過すると水蒸気が十分に補給されず、台風は急速に弱まっていきます。

こちらも第4章でくわしく説明しますが、最近では最大風速が時速240キロ以上にもなる「スーパー台風」が発生しているといわれています。日本人にとって、台風は最も気をつけなければいけない気象現象といっても過言ではありま

図2-12.　台風の成長と進路

せん。

秋の空模様は変わりやすい

つづいて、太平洋高気圧が弱まる秋の天気について紹介します。秋の天気の特徴の一つは「変わりやすい」ことです。それには、高温多湿な夏の天気をもたらした太平洋高気圧の勢力の弱まりが関係しています。

夏には日本列島のすぐ南で太平洋高気圧が大きく張りだし、太平洋高気圧から吹きでる南からの湿った風を受けていました。このとき日本上空で西から東へ吹く偏西風は、太平洋高気圧の影響で北上していました。しかし、秋になると太平洋高気圧の勢力は弱まります。そしてかわりに偏西風が強まって南下し、それに乗って中国大陸から高気圧や低気圧が日本付近にやってくるのです。

この高気圧は太平洋高気圧のように同じ場所にとどまらず、偏西風に乗って東へ移動する、前述した移動性高気圧です。また低気圧は、日本の南を流れる「黒潮」や、日本海へ流れこむ「対馬海流」などの暖流の上を通過すると、海上の熱

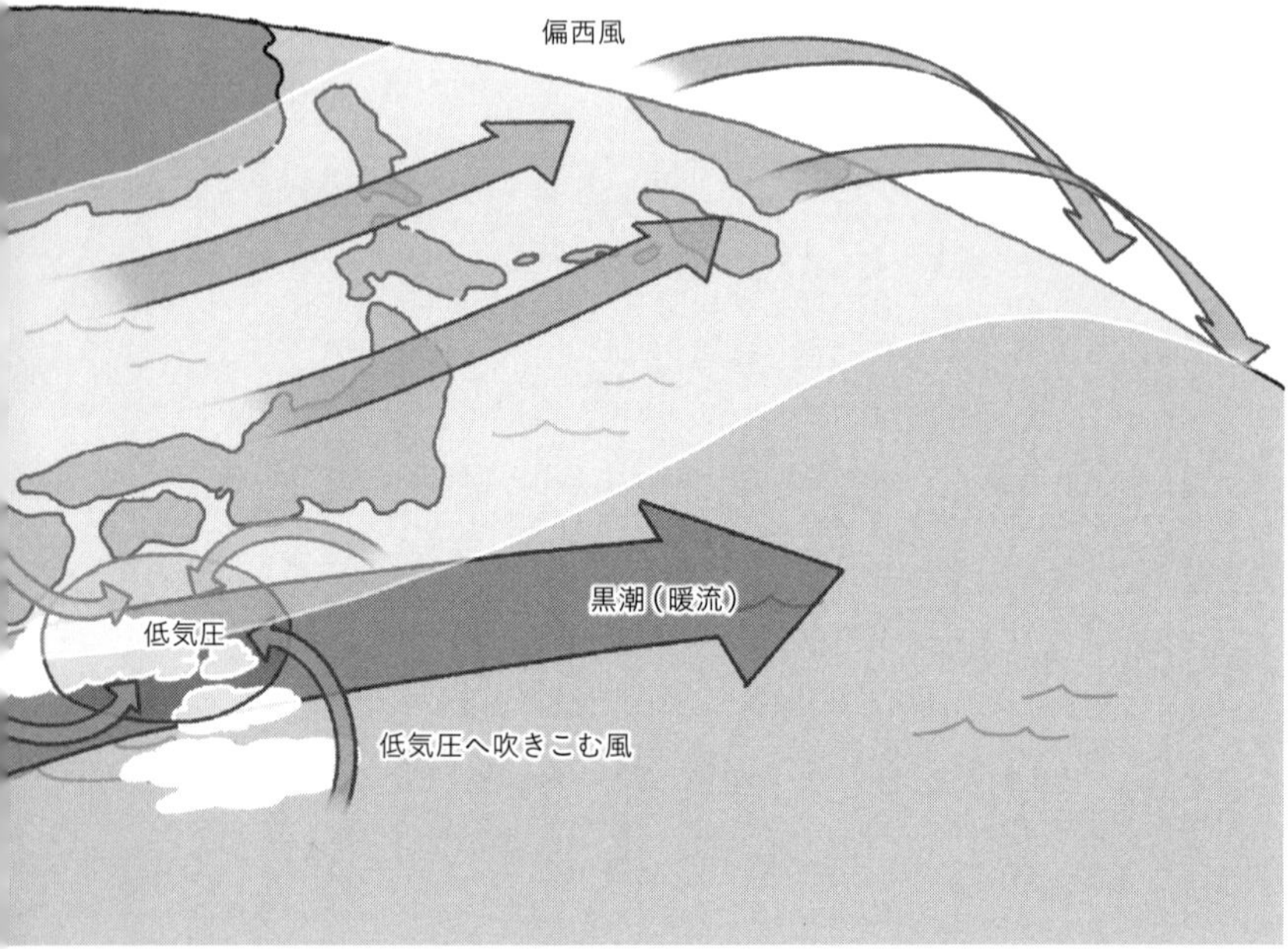

や水蒸気を吸収して雲をつくります。このように、偏西風に乗って低気圧が日本付近にやってくると、発達した雲により天気はくずれ、逆に移動性高気圧がやってくると晴れます（図2－13）。こうして秋の天気は変わりやすくなっているのです。

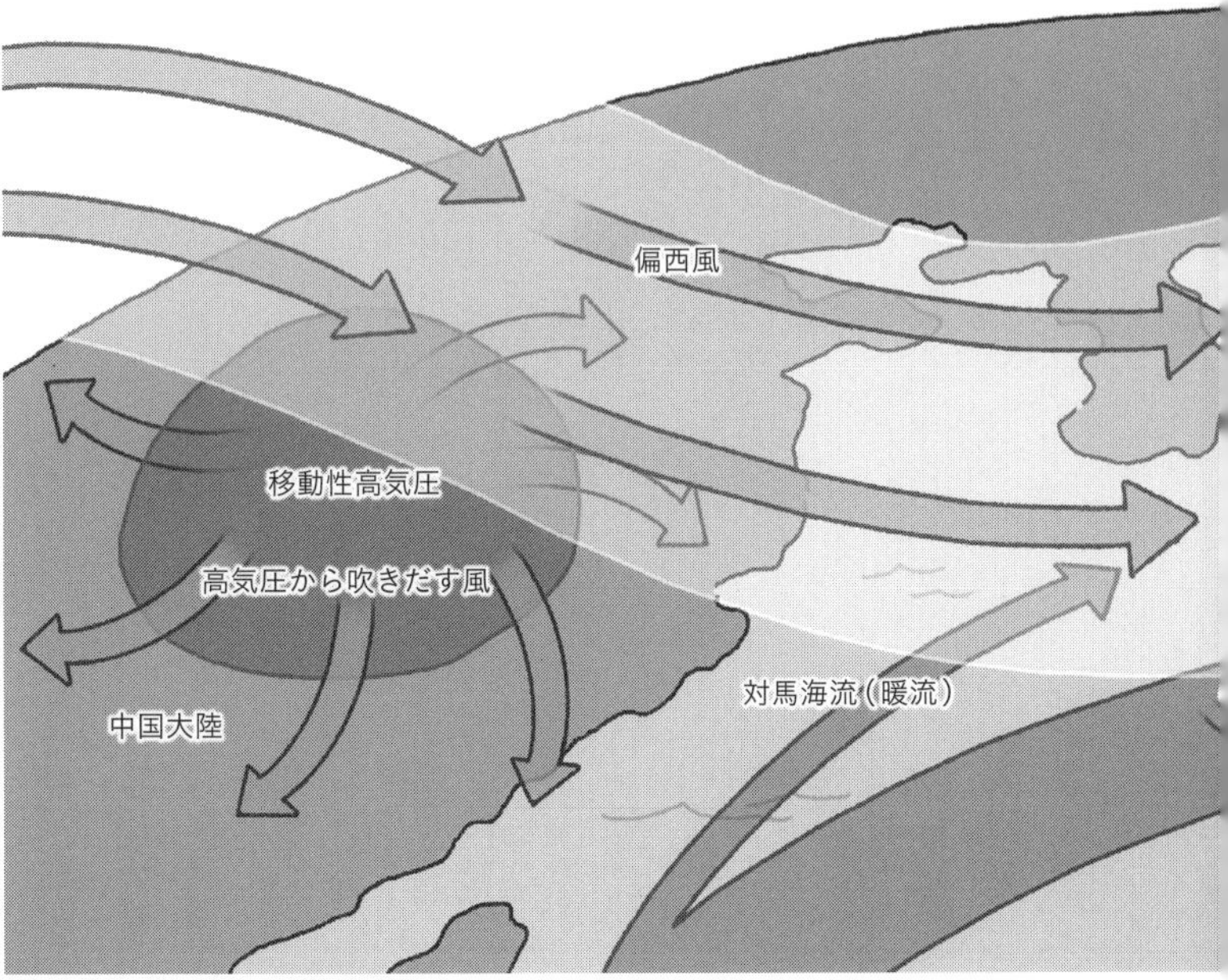

図2-13.　秋の気圧の流れ

偏西風に乗って低気圧が日本付近にやってくると、それにより発達した雲の影響で天気はくずれ、逆に移動性高気圧がやってくると晴れる。

太平洋側では夏、日本海側では冬に雷が多い

さてここまで、四季折々の天気の特徴やしくみについて簡単に紹介してきました。ここで雷について少しだけ説明しておきましょう。

雷と聞いて一般的に思い浮かぶ季節は夏、という方が多いと思います。実際に太平洋側では、夏に雷の発生が多いです。しかしこの傾向は、日本全国すべてにあてはまるものではありません。実は雷は、日本海側では冬に多いのです。なぜ太平洋側と日本海側でちがいがあるのか、まずは雷が発生するメカニズムからお話ししましょう。

雷は、積乱雲の中がはげしい上昇気流によってかきまぜられることにより発生します。積乱雲の中には水滴のほか、小さな氷晶やあられが存在しています。その氷晶とあられが衝突すると、氷晶がプラスに、あられがマイナスに帯電します。帯電した軽い氷晶は積乱雲の上部に、重いあられは積乱雲の下部に集まります。つまり積乱雲の上部がプラスに、下部がマイナスに帯電するのです。その結

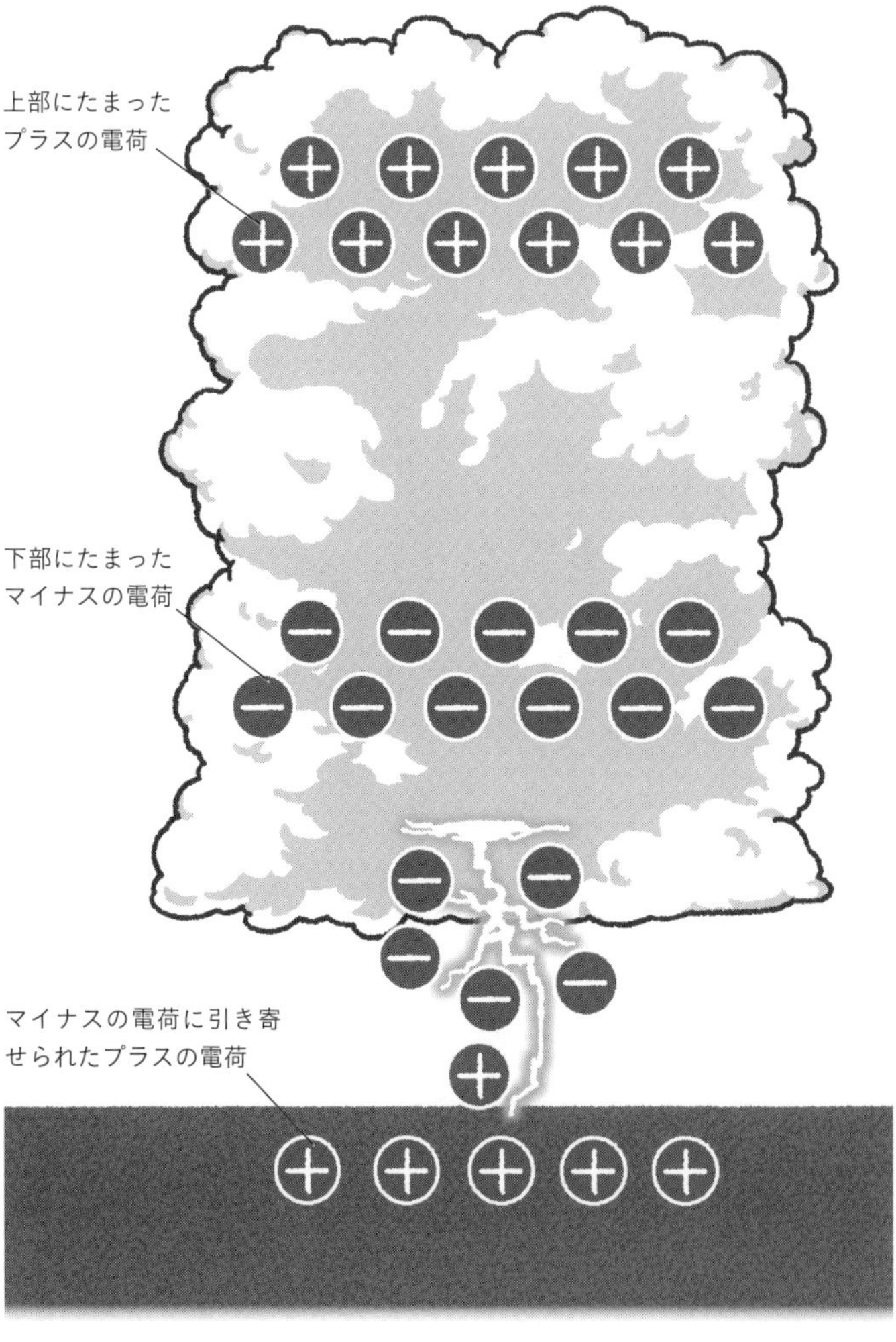

図2-14.　雷が発生するしくみ

果、積乱雲の下部のマイナスの電荷に引き寄せられ、地表にはプラスの電荷が集まってきます。そして一定以上の電気がたくわえられると、積乱雲と地表の間で放電がおきます。これが雷が発生するしくみです（図2－14）。

太平洋側も日本海側も、雷の発生メカニズムにちがいはありません。しかし、雷を生む積乱雲の発生のしかたがことなります。太平洋側は、山地の斜面などを勢いよく昇る上昇気流によって積乱雲が発生しやすくなります。とくに夏は、強い日射によって地表が温められているため、上昇気流の勢力は強いものとなり、積乱雲が発生しやすいのです。

一方日本海側では、冬にシベリア高気圧から冷たくて乾燥した空気が吹きます。これが日本海を通過するときに水蒸気を受けとり、湿った空気になります。さらに、この湿った空気は暖流で温められ、上昇気流が発生します。そうして冬の日本海側では広範囲にわたり積乱雲ができるため、雷が発生しやすいというわけです。また広い範囲で発生する冬の日本海側の雷と比較して、夏の太平洋側の雷は、非常に局所的なのが特徴です。

地球をぐるりとまわる偏西風

ここからは、気圧とともに天気を左右する重要な要素、「風」についてお話ししていきます。まずは、すでに何度も出てきていますが、日本の天気に大きな影響をあたえる偏西風について、くわしく解説しましょう。

日本にかぎらず、世界の中緯度地域には偏西風とよばれる、西から東へ向かう風が年中吹いています。地上ではあまり目立ちませんが、上空ではとても強く吹いていきます。よく「天気は西から東へ移り変わっていく」といいますが、これは偏西風が大き

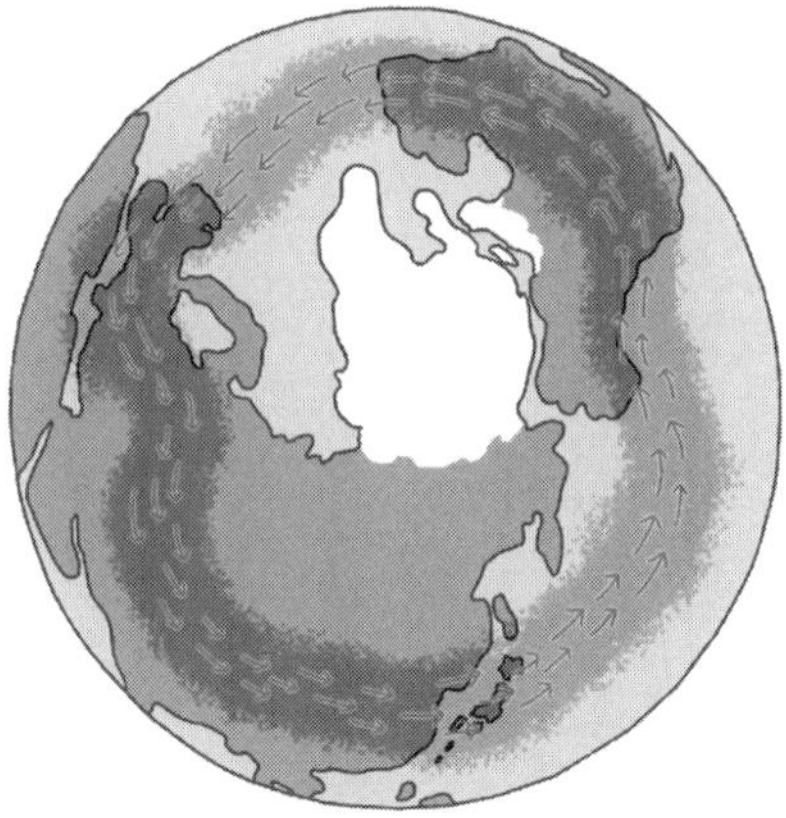

図2-15.　北半球の偏西風のようす

な原因です。

偏西風は、地球を北からながめたとき、北極を囲むようにぐるりと1周して吹いています（図2－15）。なぜこのような風が吹くのかというと、地球規模の大気の大循環（地球全体でおきる大きな空気の流れ）と関係があります。

図2－16を見てください。熱帯は暖かくて空気がよく混ざっていますから、日本付近の緯度では南に温かい空気、北に冷たい空気があります。偏西風は、ちょうどその境目を吹いているように見えますね。地球の大気には、水平に温度差があると上空で風が強く吹く、という性質があります。北半球では、南が暖かく北が寒い場合は上空で南が高気圧、北が低気圧になり、その間で西から東に向かって風が吹きます。くわしくはのちほどお話ししますが、これは地球が自転しているためです。北半球の中高緯度では、風は気圧の高い場所を右に見るように流れるわけです。

偏西風は北半球だけでなく、南半球にも存在します。偏西風はいわば、地球の大気の大循環にとって熱や水蒸気などさまざまなものを西から東に運ぶ〝動脈〟のようなものなのです。

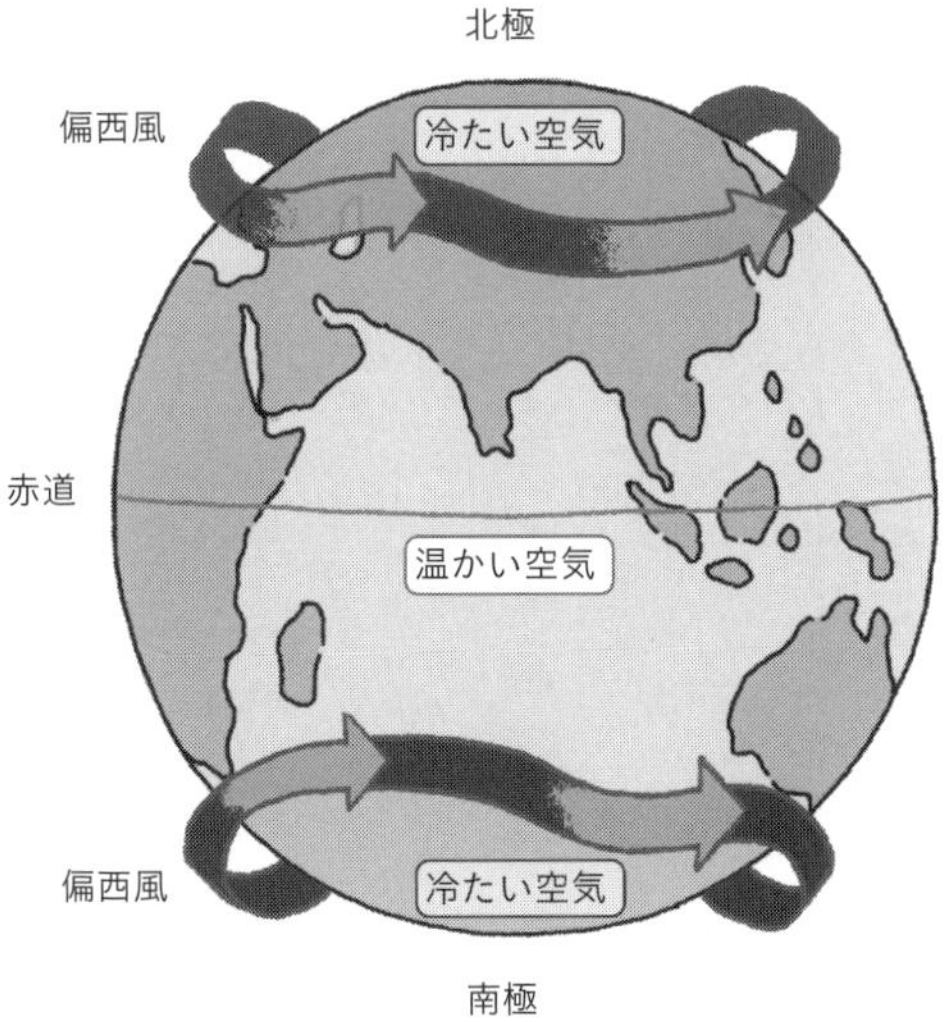

図2-16.　偏西風の吹き方

偏西風は、基本的に暖かい熱帯の外側で東向きに吹く。ただし南北に蛇行することもある。

ただし偏西風は、単純に東へ向かって吹くのではなく、南北に蛇行することもあります。蛇行のぐあいは場所や時期によって大きく変わり、それが天気に影響することもあります。

具体的には、どのような影響があるのでしょうか。偏西風は、まっすぐ流れていると きは北の冷たい空気（寒気）と南の温かい空気（暖気）をへだてるはたらきをします。しかし南に蛇行すると寒気を南側へもたらし、北へ蛇行すると暖気を北側へもたらします。

いいかえれば、この偏西風という動脈は東西だけでなく、南北にも熱を運んでいるのです。またこうした偏西風の蛇行で、地上で低気圧や高気圧が生まれやすくなったり、発達がうながされたりすることも知られています。日本のちょうど上空に強い偏西風が吹いているため、偏西風の蛇行のぐあいによって、天候が大きく変わるわけです。

偏西風に乗った温帯低気圧が、西から天気をくずす

偏西風の蛇行が日本におよぼす影響について、もう少し見てみましょう。秋から春にかけて偏西風が蛇行することにより、日本付近で低気圧が発達することがあります。この低気圧は、偏西風によってもたらされる北の寒気と、南の暖気のはざまで発達するものです。暖気が寒気の上に乗り上がっていく「温暖前線」と、寒気が暖気の下にもぐりこんでいく「寒冷前線」をともなっています。これらの前線で雲が発生し、雨や雪をもたらします。

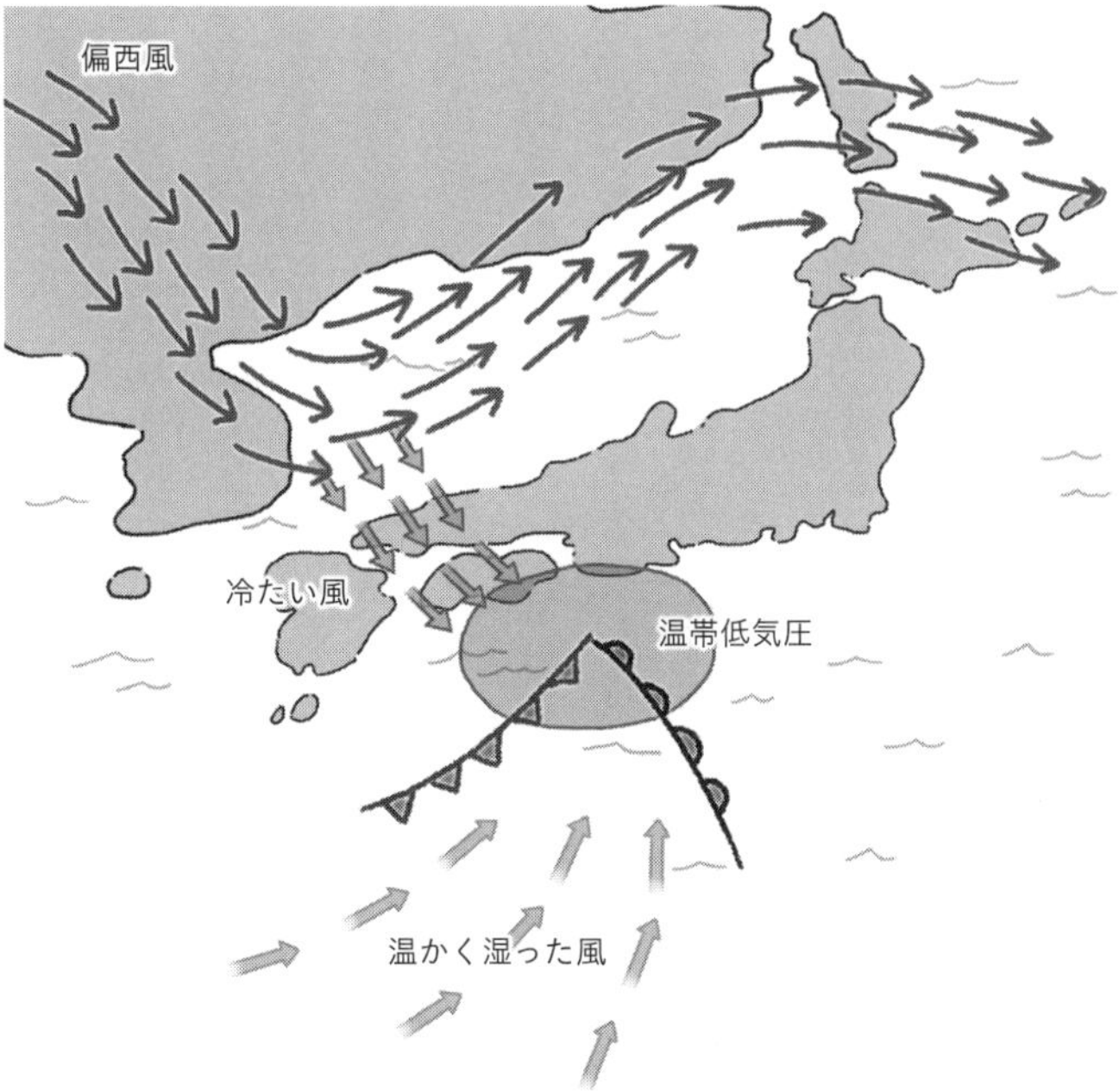

図2-17.　温帯低気圧ができるしくみ

偏西風によってもたらされる北の寒気と、南の暖気のはざまで発達する。

このような低気圧は「温帯低気圧」とよばれています（図２－17）。温帯低気圧は偏西風に乗って日本付近を通過し、天候を左右します。

天気予報で「天気は西から下り坂」といったような言葉を聞いたことはありませんか。これは温帯低気圧が西からやってきて天気がくずれる、という状況をあらわしています。温帯低気圧が西から東へ進むにしたがい、天気は西から悪くなっていくのです。

また、冬に東シナ海から日本の南の海上で発達した温帯低気圧が偏西風に乗り、本州の南を東へ向けて通過することがあります。このとき、関東をはじめとする太平洋側に雪を降らせることがあります。このような温帯低気圧は「南岸低気圧」とよばれます。

ただし関東での雪の予測はむずかしく、この南岸低気圧がやってくると必ず雪が降る、というわけでもありません。関東地方はもともとさほど寒くないため、雪にはならずに雨となることもあります。

関東で雪になるか雨になるかは、広い範囲で寒気がどれくらい強いのか、また低気圧の発達の度合いや、雲の広がりなどが複雑に関係しています。関東での雪の予測はなかなかむずかしいのです。

地球の自転が大気を動かす

さて、前述した通り、偏西風は大気の大循環と関係しています。偏西風のような大気の大循環は、全世界規模で気候や気象に影響しています。大気の大循環は偏西風のほかにも存在しますので、くわしく紹介しましょう。

大気の大循環を生みだす主な原動力は「地球の温度差」です。太陽からの日射のエネルギーにより、地球は赤道域で最も強く温められ、北極や南極に近いほど、その温められ方は弱くなります。すると、赤道付近では大気が温められて上昇気流が発生します。一方、北極や南極付近では下降気流が発生します。すなわち赤道付近では低気圧ができ、赤道からはなれた緯度帯には高気圧ができるということです。

18世紀、イギリスの気象学者ジョージ・ハドレー(1685〜1768)は、赤道の低気圧と北極・南極の高気圧をつなぐ大気の大循環を考えました。図2-18は、ハドレーの考えた大気の大循環をえがいたものです。

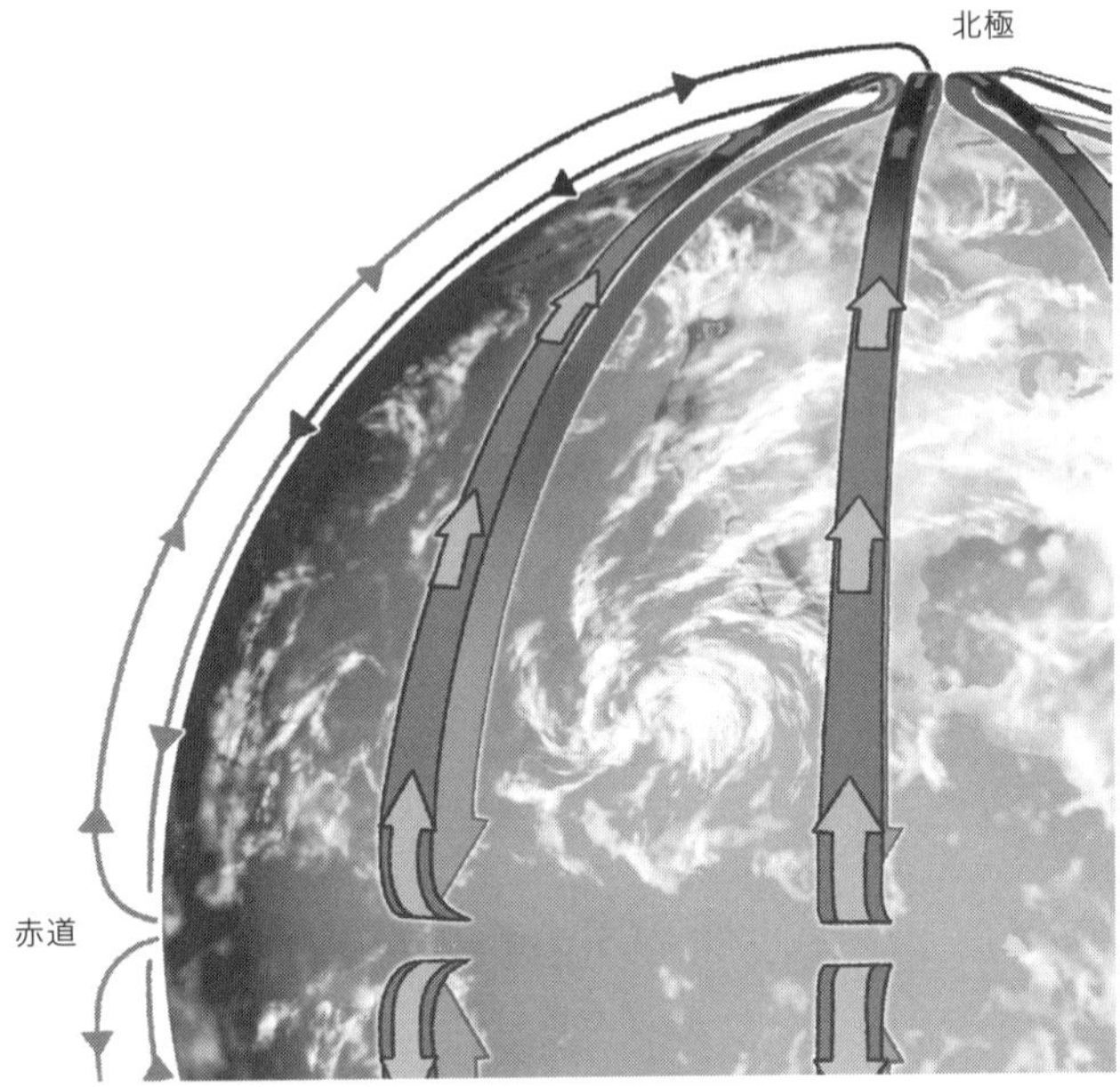

図2-18.　ハドレーが考えた「大気の大循環」

ハドレーは赤道で上昇した大気が北上し、極地方で冷やされてふたたび赤道へもどると考えた。

ハドレーのモデルでは、赤道で上昇した空気は、大気の上層を北極・南極に向かって運ばれます。そして北極・南極で冷やされて下降し、赤道にもどります。ハドレーは、このような大循環がおきると考えました。

ところが、実はハドレーの考えた大循環は、現実の大気の流れとはそぐわないものでした。彼の考え方では、偏西風を説明することができなかったのです。また15世紀の大航海時代に貿易によく利用された、低緯度地域に吹く東からの風についても、ハドレーの考え方では理解できませんでした。実際の風がハドレーの考え通りに吹かなかった理由は、地球の自転の影響です。

自転する地球の上で動く物体は、北半球では進行方向に対して右向きの力を受けます。逆に南半球では、進行方向に対して左向きの力を受けます。このような、自転によって生じる力を「コリオリの力」といいます。コリオリの力は少し複雑ですので、のちほどくわしく説明しましょう。

動いている大気にはコリオリの力がはたらくため、南北方向の運動と東西方向の運動が関係し合います。ハドレーのモデルには、このコリオリの力が考慮されていませんでした。そこでアメリカのカール・グスタフ・ロスビー（1898～1957）をはじめとする気象学者たちは、コリオリの力を考慮した新しい大気の大循環を考えました。そしてコリオリの力によって、地球には三つの大きな大気の流れが生みだされていることをうまく説明しました。低緯度の「貿易風」、中緯度の「偏西風」、そして高緯度の「極偏東風」です。これら三つの風が地球全体の気候や気象に大きくかかわっているのです。

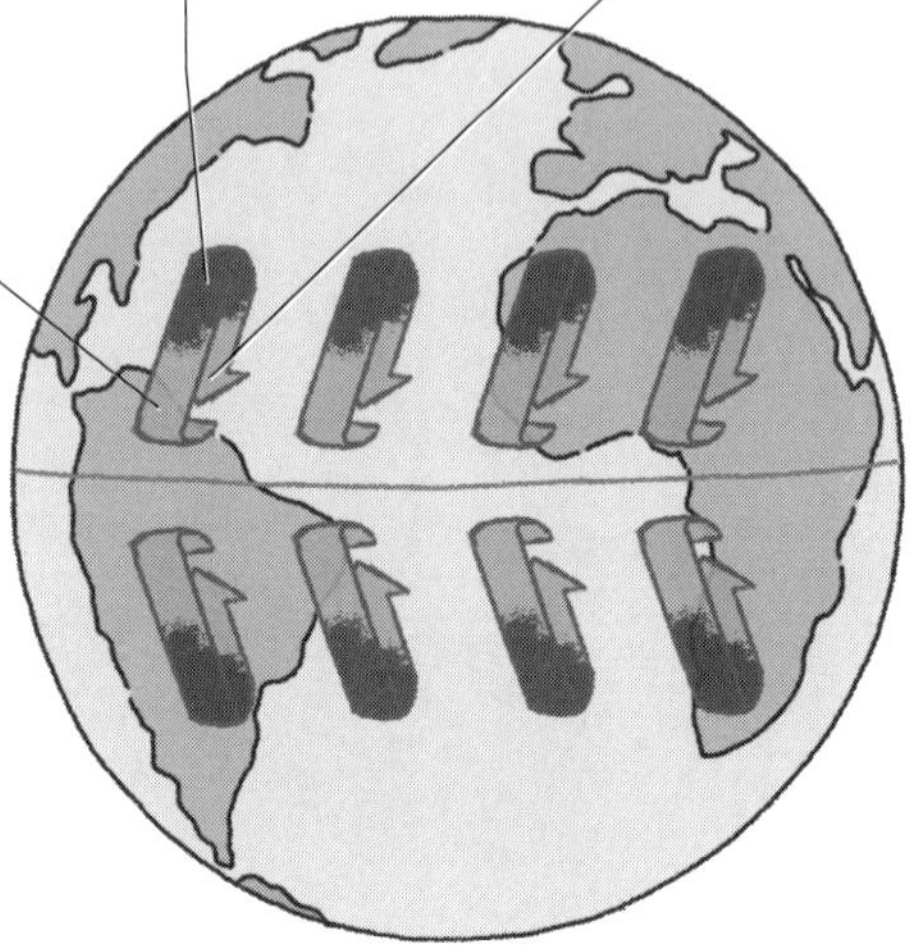
1. 赤道で温められて軽くなった空気が上昇する
2. しだいに冷えて重くなった空気の一部は下降する
3. 気圧の低くなっている赤道にもどる。この地表付近の風が、「貿易風」とよばれる
赤道

図2-19.　低緯度の「貿易風」

三つの風について、まずは貿易風から説明しましょう。暖かい赤道付近では上昇気流が発生し、南北に流れます。この流れは高緯度まで届くことができず、北緯30度付近に到達すると、下降気流となって地表にもどります。地表にもどった空気は赤道の低気圧に向かいますが、北半球では進行方向右向き、つまり西向きのコリオリ力がはたらきますから、それとつり合うように、地表の風は北東から

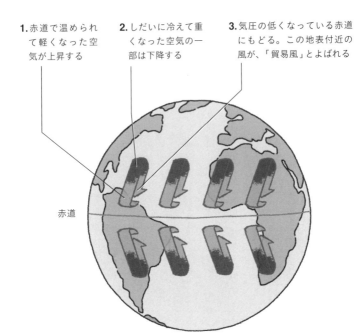

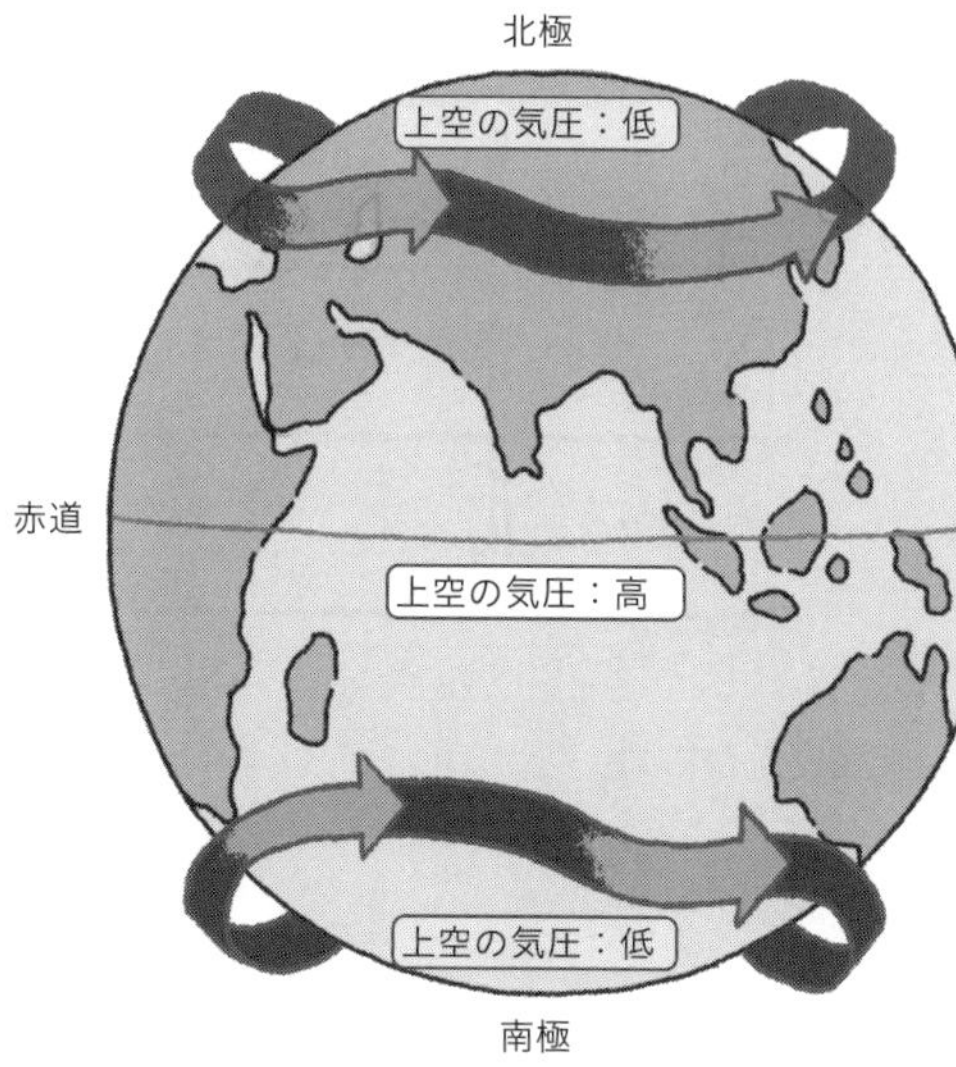

図2-20.　中緯度の「偏西風」

南西に吹きます（図2−19）。これが貿易風とよばれるものです。

　貿易風をつくる大気の流れは、大きさこそちがうものの、基本的にはハドレーの考えた通りでした。そのため、ハドレーの功績をたたえ、この大気の流れは「ハドレー循環」とよばれています。ちなみに貿易風は、中世ヨーロッパで貿易のために帆船がこの風を利用して海を渡ったことから名前がつきました。

　つづいては偏西風です。これは先ほどお話ししたように、ほぼ真東に向かって地球を東西に1周す

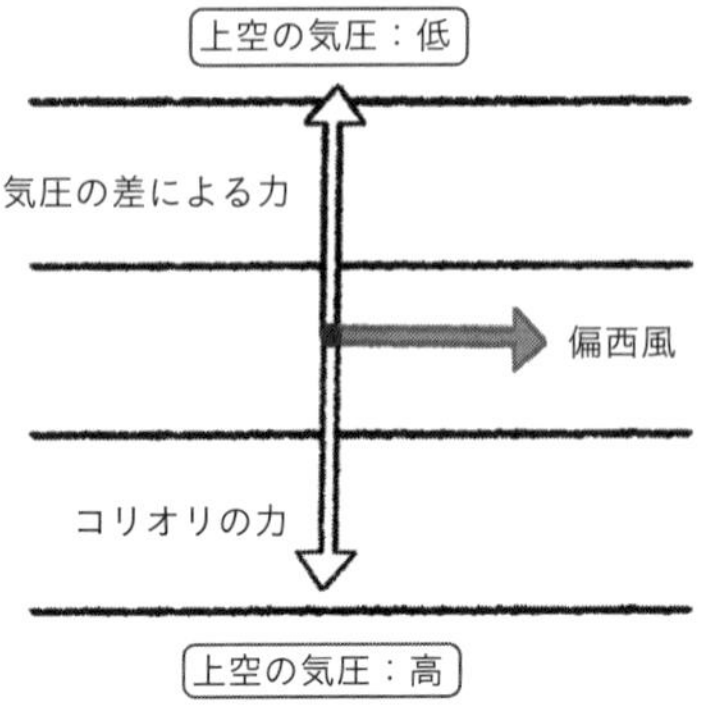

図2-21.　偏西風にかかる力

る風です（図2－20）。

図2－21を見てください。偏西風には進行方向右向きにコリオリの力がはたらいていますが、熱帯は中緯度よりも上空の気圧が高いため、気圧の差による力は左向きにはたらきます。この二つの力がつり合っているからこそ、偏西風はいつでも吹いているのです。

偏西風は上空に行くほど風速が強まります。上空10キロメートル付近では風速40メートル／秒、時速でいうと150キロメートルにも達し、この強風を「ジェット気流」といいます。たとえば飛行機で成田とホノルルを往復すると、往路が帰路よりも1時間程度速くなりますが、これはジェット気流の影響なのです。

最後に高緯度で吹く極偏東風について説明しま

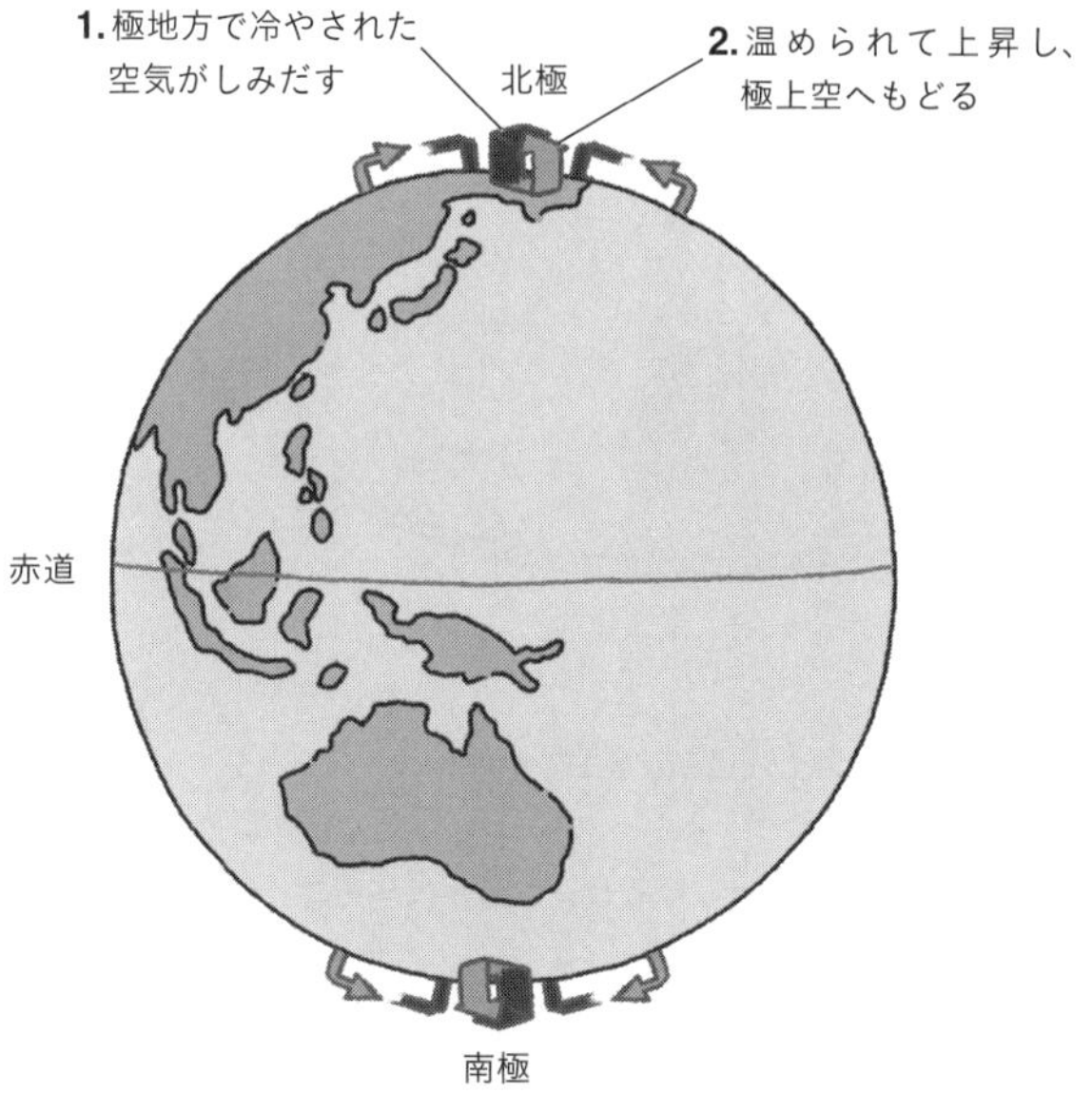

図2-22.　高緯度の「極偏東風」

す。高緯度の極地方は寒冷です。そのため冷やされて重くなった空気が、緯度60度くらいまで南に吹きだしています。ほかの風と同様にコリオリの力を受けるため、北半球では、この寒気は進行方向に対して右向きに進路を変え、北東から南西へ吹く風となります。そして南に行った風は温められ、偏西風から暖気を受けとって上昇気流をつくり、最終的には極上空へと帰るのです（図2－22）。この風が極偏東風です。

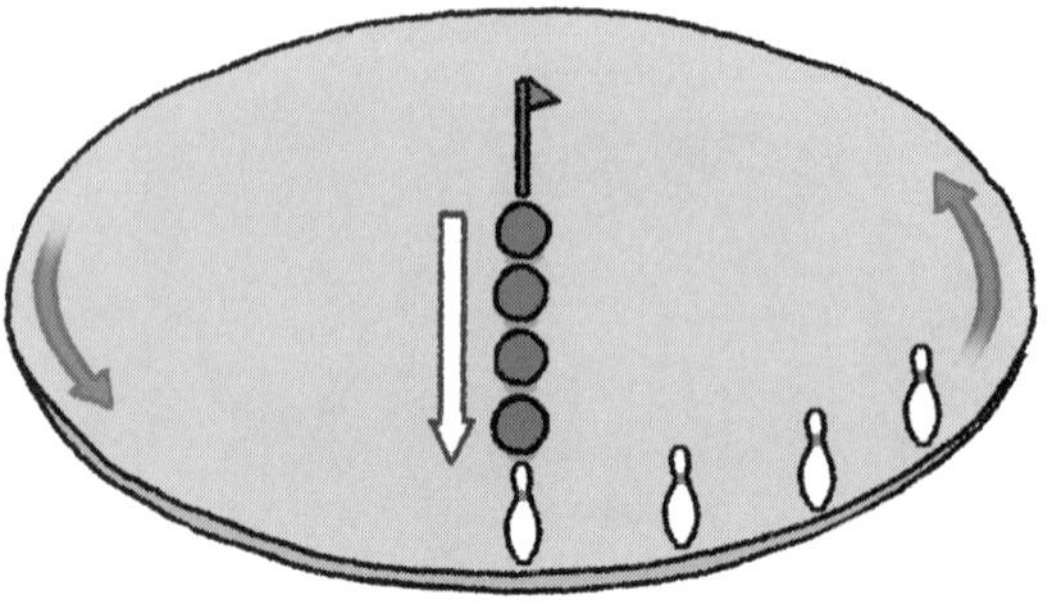

図2-23.　円盤を外から見た場合

反時計まわりに回転する円盤上で、ピンに向かってボールを転がすようすを円盤の外から見ると、ボールは一直線に進む。

大気の循環を生むコリオリの力

ではここで、コリオリの力についてくわしく説明しましょう。先ほどお話ししたように、自転する地球上で動く物体は、北半球では進行方向に対して右向きの力を受けて曲がり、南半球では進行方向に対して左向きの力を受けて曲がります。この力がコリオリの力でしたね。実はコリオリの力は「見かけ上の力」なのです。

見かけ上の力とは、いったいどのようなものなのでしょうか。反時計まわりに回転する円盤上で、中心から外側のピンに向かってボールを一直線に転がした場合を考

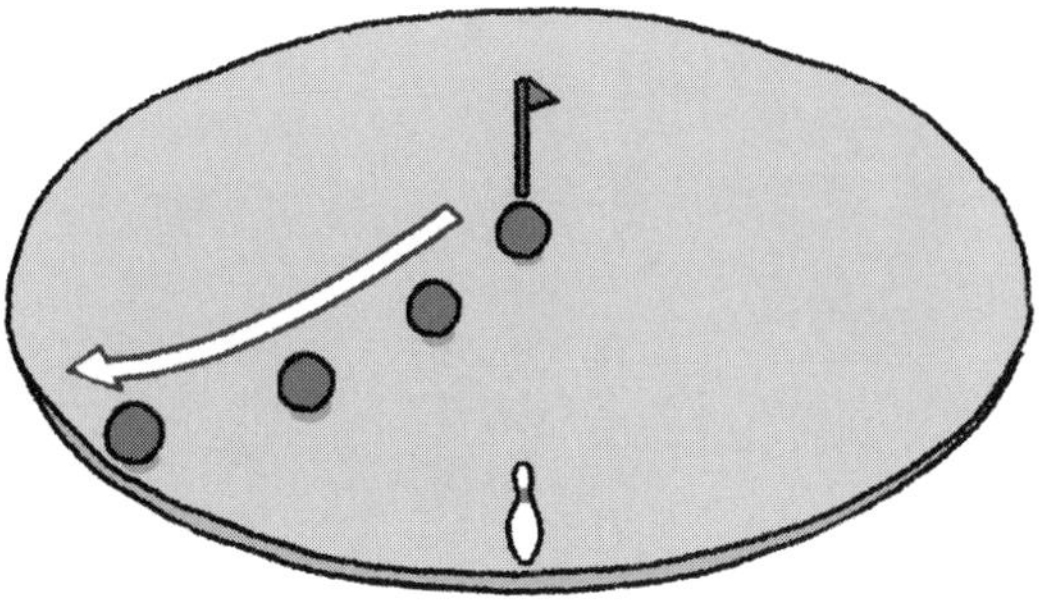

図2-24.　円盤上に置いたピンの視点で見た場合

えてみましょう。なお摩擦はないものと仮定し、ボールは円盤の回転の影響を受けずに進むこととします。

ボールを転がすようすを円盤の外から見ると、ボールは円盤の回転の影響を受けないわけですから、一直線に進みます(図2−23)。ところが回転する円盤上に置いたピンの視点で見ると、自らが回転しているため、動くボールに、あたかも進行方向に対して右向きに力がはたらいたように見えます(図2−24)。

これと同じことが、地球でもおきるわけです。回転する円盤は自転する地球、ボールは空気や海水、ピンは人などの地表に静止したものだと考えてみてください。地球と一緒に回転する人から見ると、風や海流の進行方向が曲がって見えるのです。この見かけの力が、コリオリの力です。

北半球では、コリオリの力は進行方向に対して右向きにはたらきます。一方、南半球ではコリオリの力は進行方向に対して左向きにはたらきます。

ここで北半球の高気圧のまわりで吹く風を考えてみましょう。風は気圧の差による力と、コリオリの力がつり合うように吹きます。コリオリの力は進行方向に向かって右向きにはたらきますから、高気圧のまわりでは、気圧の差による力とコリオリの力がつり合うように、時計まわりの風になります。低気圧のまわりの風も、高気圧のまわりの風と同じように気圧の差による力と、コリオリの力がつり合います。その結果、低気圧のまわりでは反時計まわりになります（図2－25）。南半球の場合は、風の向きは北半球とは逆です。

なおコリオリの力は緯度が下がるほど小さくなり、赤道では生じません。このことは、物体の進行方向が東西南北どの向きであってもいえることです。

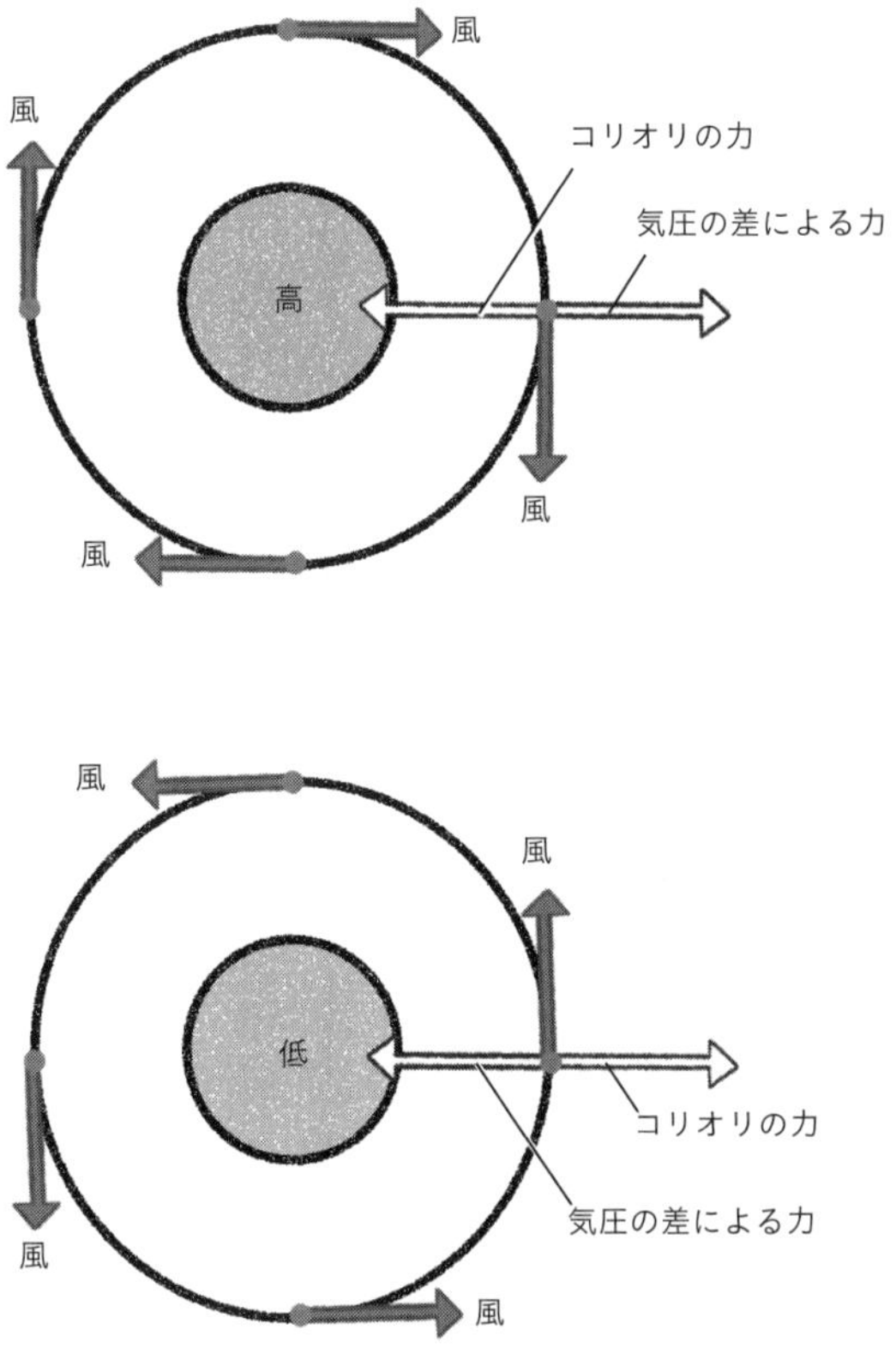

図2-25.　北半球の高気圧・低気圧のまわりで吹く風の流れ

第3章

世界の気象や気候はどうやって生まれるのか？

世界の気候をつくりだす「海と大気」

第3章では、世界の天気について解説していきましょう。地球には、地域によって特有の気象があります。たとえばケニアやタイなどの低緯度の国では、雨季と乾季が明確に分かれています。またインドでは、夏に南西の風が大量の水蒸気を内陸に運び、大量の雨を降らせています。

ところで、「気象」と「気候」のちがいはご存じでしょうか。どちらも同じように使っているかもしれませんが、実は両者は明確にちがいます。まず気象は大気の状態、雨や風、雪などの「天気に関する現象」のことです。一方、気候は「地域ごとの気象を長期間で平均したもの」です。たとえば「日本の気候」とは、春一番が吹いて梅雨がきて、夏は蒸し暑く……、という春夏秋冬の典型的な移り変わりのことを指します。

世界にはさまざまな気候があります。そして気候には、第2章でお話しした大気の大循環に加え、海流が大きくかかわっています。

たとえば、亜熱帯付近には砂漠気候を主体とする乾燥帯が広がっています。これは大気の大循環により、赤道で上昇した空気が下降する高気圧帯の影響です。第2章でも触れた通り、高気圧帯では雲は発生せず、雨が降りません。

またイギリス付近は高緯度にもかかわらず、温暖な温帯気候です。これはアメリカ沖から流れてくるメキシコ湾流が熱を運ぶためです。さらには山脈などの地形も、気候に影響しています。多岐にわたる要因が作用し、世界中にさまざまな気候がつくられているのです。

図3-1.　ウラジミール・ペーター・ケッペン

世界中の気候の分類には、ドイツの気象学者ウラジミール・ペーター・ケッペン（図3－1、1846～1940）が考えた「ケッペンの気候区分」というものがよく使われます。これは世界の植生分布をもとに、世界の気候を分類したものです。

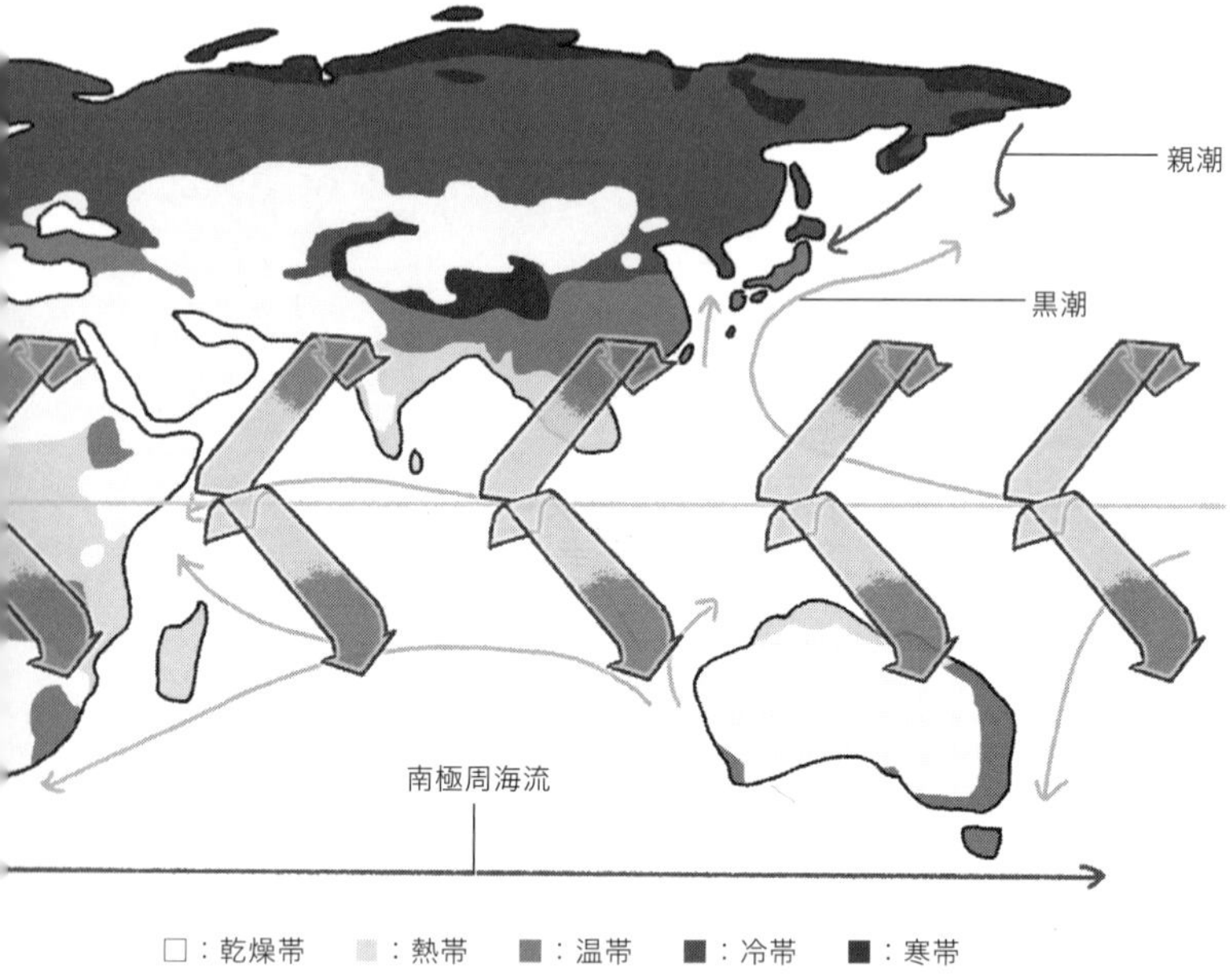

図3－2の世界地図は、ケッペンの気候区分によって色分けしたものです。同じ色のところが同じ気候に分類されています。

ここでは乾燥帯、熱帯、温帯、冷帯、寒帯という五つの気候帯を示していますが、それぞれの気候帯はさらに細かく分けられます。また海上の矢印は、海流をあらわしています。■の矢印が暖流で、■の矢印が寒流

図3-2.　世界の気候の分類

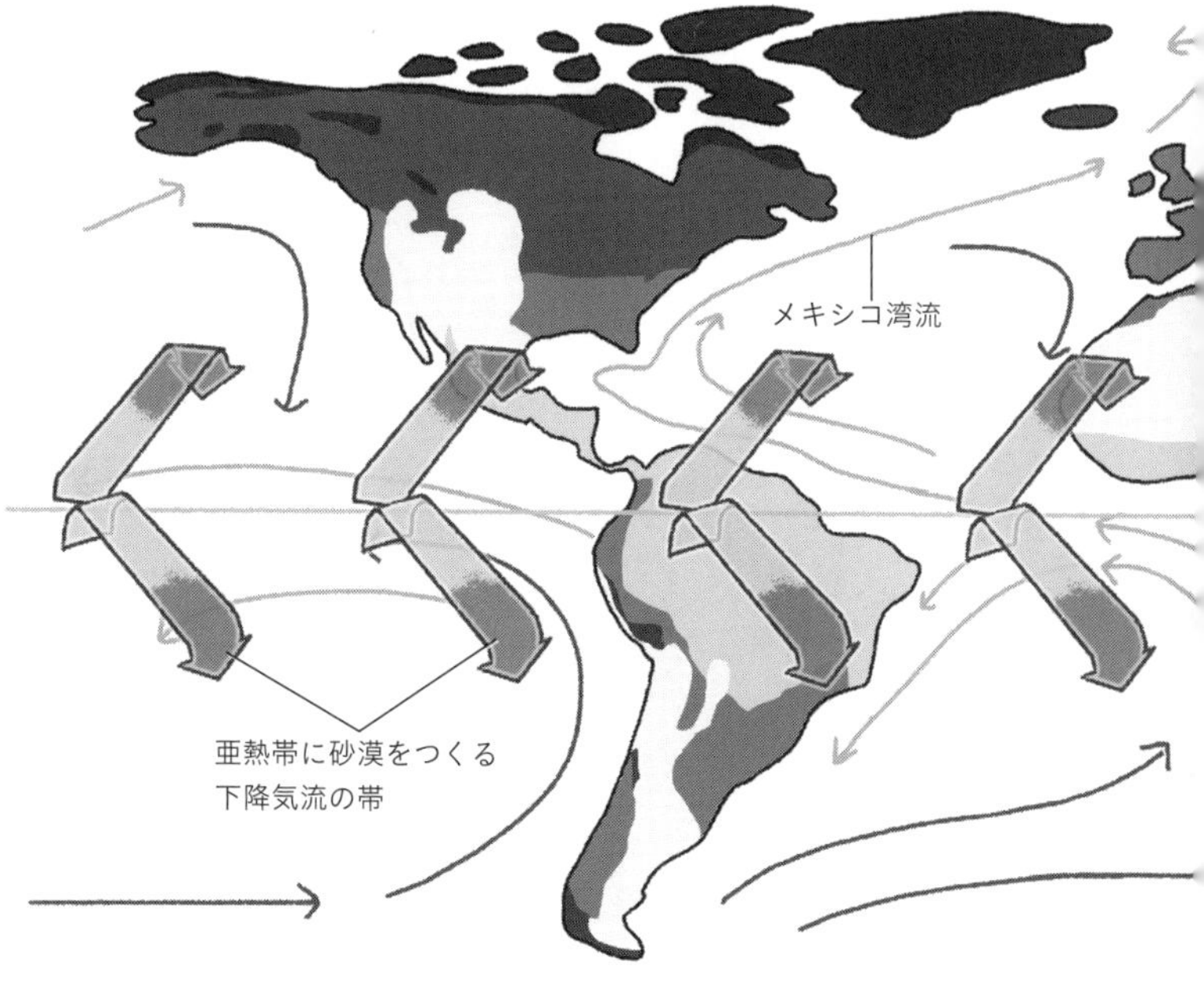

です。

たとえば暖流の黒潮は、北赤道海流がルソン島に到達したのち、日本の南岸を北上します。親潮は寒流で、千島列島を南下します。このような海流が、世界の気候を大きく左右するのです。

雨季と乾季をくりかえすアフリカのサバンナ

ここからは、さまざまな地域の特徴的な気候や気象を見ていきましょう。まずはアフリカの東に位置するケニアです。ケニアには、樹木の少ない大草原「サバンナ」が広がっています。この地域を代表する気象に、雨季と乾季があります。雨季は年2回、3月〜5月と10月〜11月にあり、この季節になるとまとまった雨が降って植物を育てます。そして植物を目あてに、ヌーなどの大型哺乳類が大規模な群れをつくって移動します。ケニアの位置する赤道近くでは、太陽光がほぼ垂直に当たって地表面が強く温められ、上昇気流が発生して雲をつくります。それにより、多量の雨が降るのです。

では、ケニアの乾季はどのようなものなのでしょうか。ここで大気の大循環を考えてみましょう。赤道で上昇した気流は南北30度付近で下降気流となり、地上に高気圧をつくります。この高気圧を「亜熱帯高圧帯」とよびます（図3－3）。この緯度では上昇気流が発生しないため、晴天がつづきます。

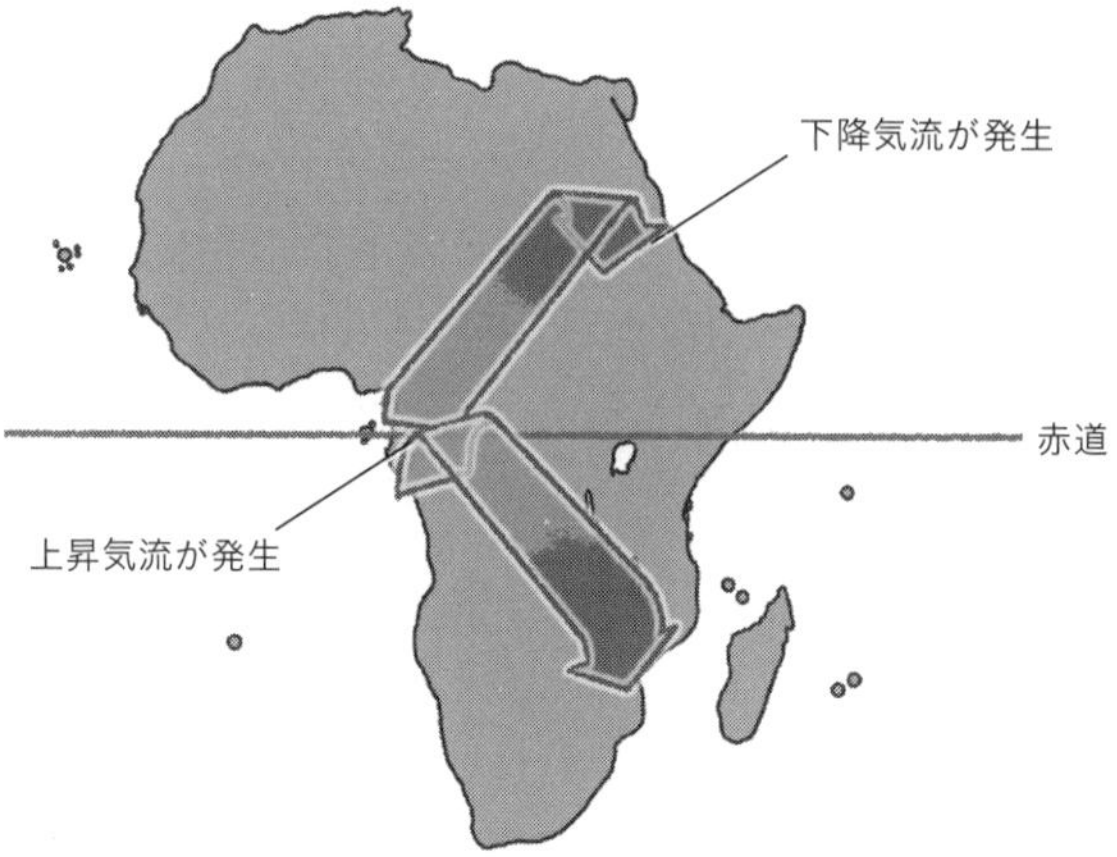

図3-3.　ケニアの気象のしくみ

赤道で上昇した気流は、南北30度付近で下降気流となり、地上に「亜熱帯高圧帯」をつくる。

このように聞くと、赤道直下のケニアでは上昇気流の影響で長期間雨が降り、南北30度付近より北や南にずれると、下降気流の影響で晴れがつづきそうですが、実際はそうではありません。

地球は「地軸」を傾けて太陽のまわりを公転しているため、太陽光がつねに赤道に垂直に当たるわけではないのです。

北極と南極を結ぶ地軸は、地球の公転面に対して垂直ではなく、約23・4度傾いています。その傾きにより太陽光が垂直に当たる場所は、6月～9月にかけては北半球側に、

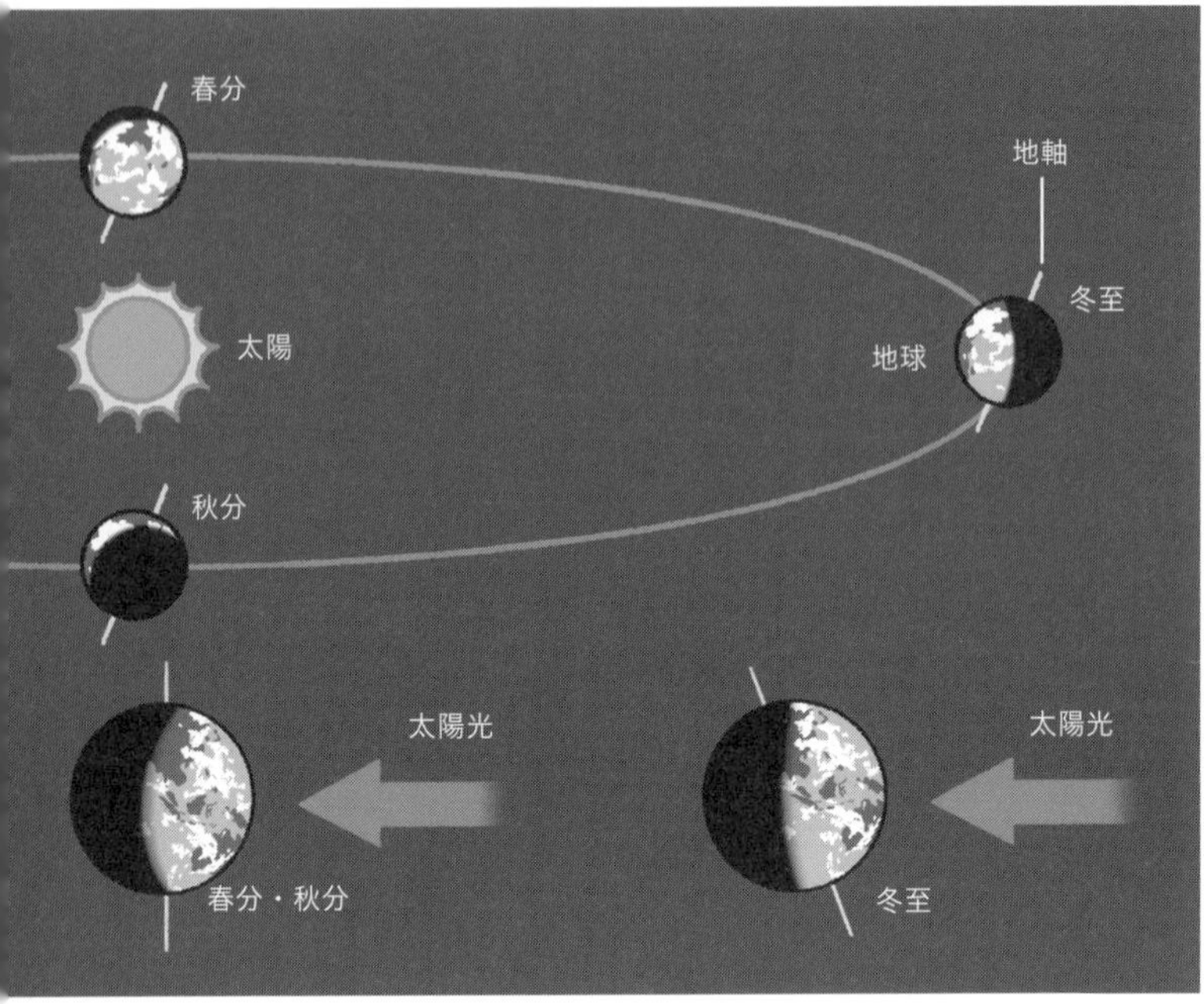

12月〜2月にかけては南半球側に移動します（図3－4）。そしてその移動にともない、雨が降る低気圧帯も、その南北にある亜熱帯高圧帯も移動するわけです。

ケニアは、垂直に太陽光が当たる春と秋は低気圧帯に取りこまれ、雨が降りつづきます（図3－5）。

しかし夏や冬はこの低気圧帯からはずれ、亜熱帯高圧帯の支配下に入るため、雨の降らない乾燥した日がつづきます（図3－6）。

図3-4.　地球は地軸を傾けて太陽のまわりを公転している

地球は地軸を傾けて太陽のまわりを公転しているため、赤道につねに太陽光が垂直に当たるわけではない。

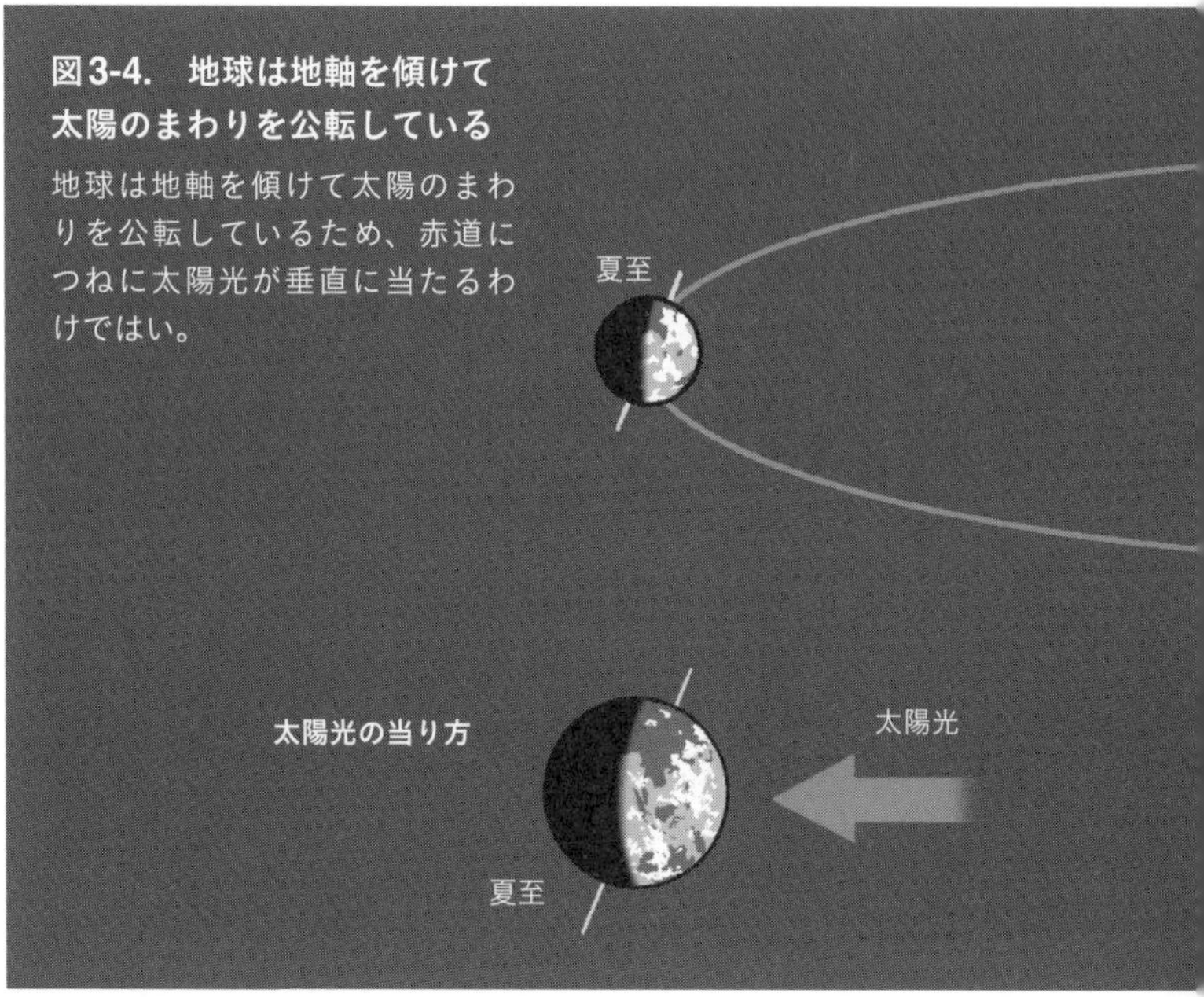

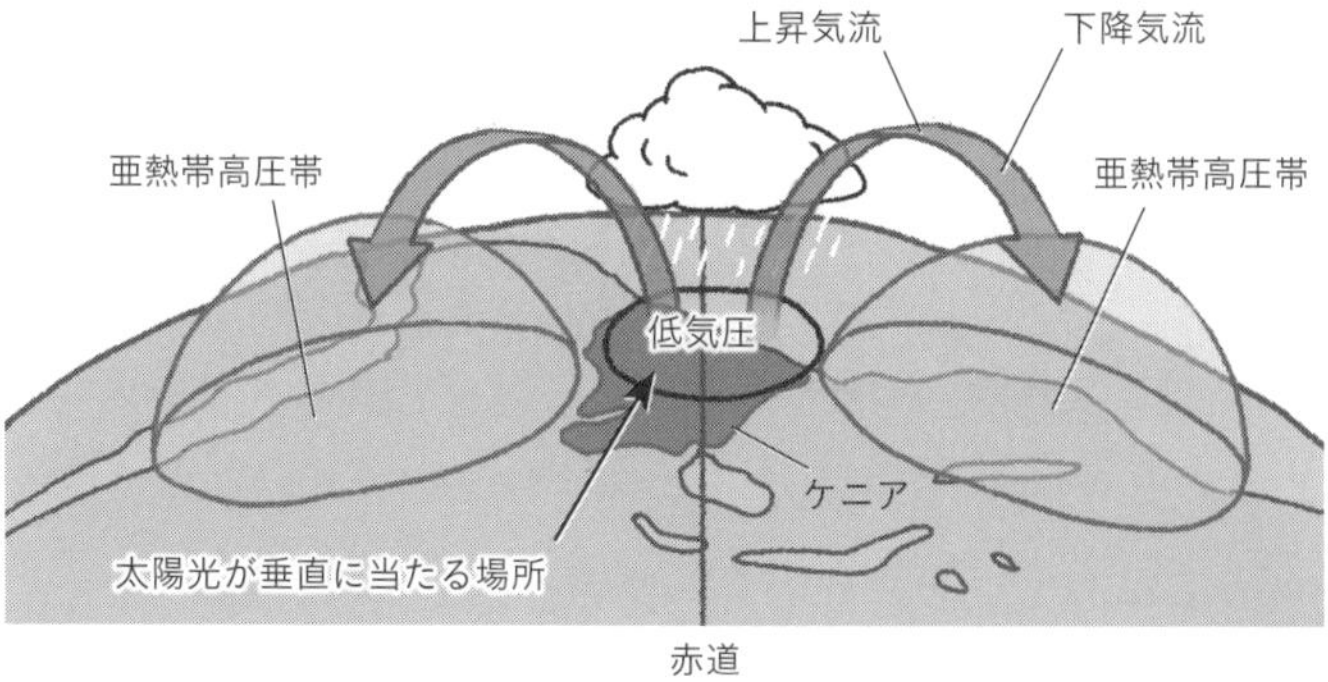

図3-5.　ケニアの雨季（3～5月、10～11月）

春と秋、太陽光は赤道に垂直に当たり、雨季となる。

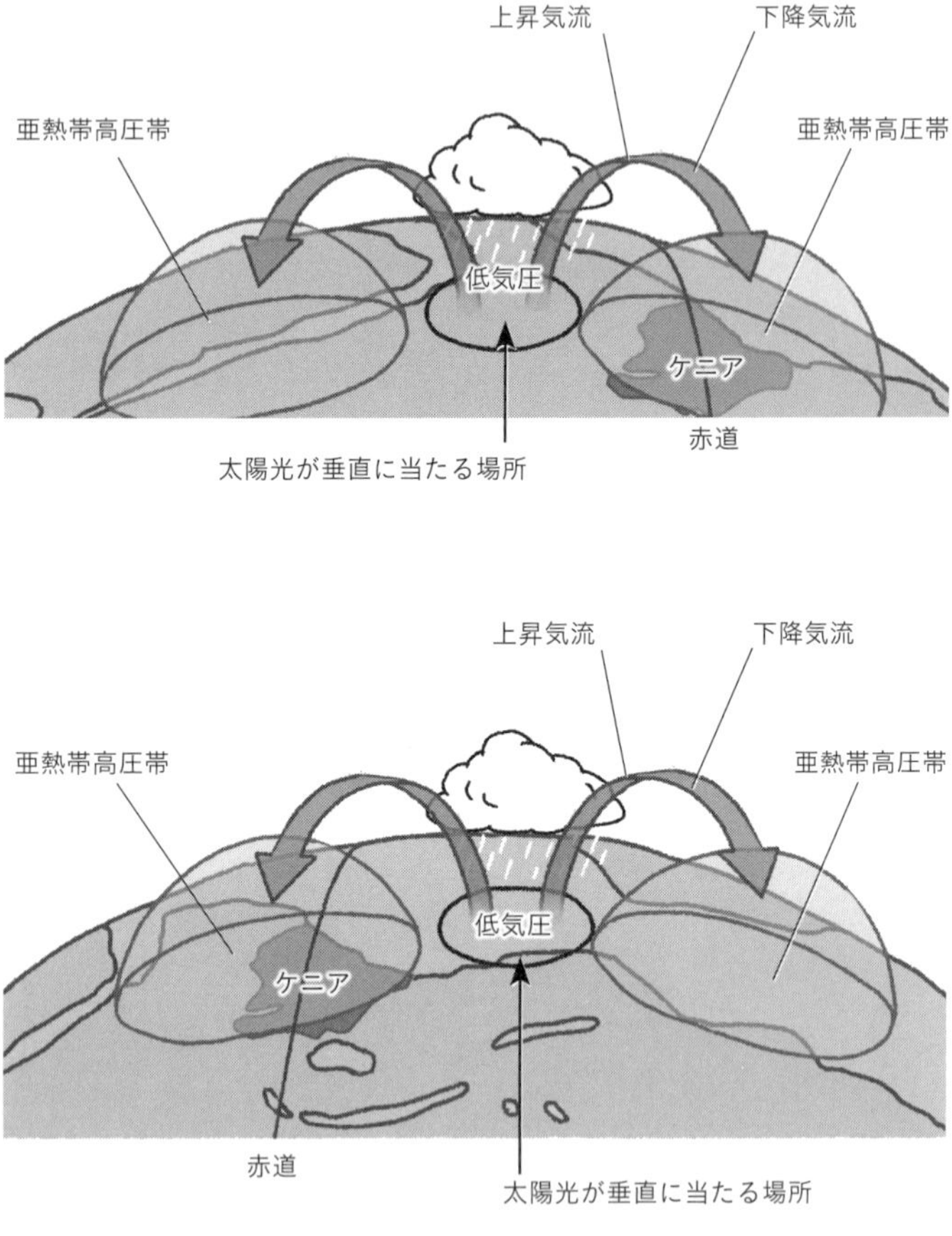

図3-6.　ケニアの乾季（上が6～9月、下が12～2月）

6～9月は太陽光が垂直に当たる場所は北半球側に、12～2月は南半球側にずれ、亜熱帯高圧帯の支配下となるため乾季となる。

こうしてケニアには、年間2回ずつ雨季と乾季がつくられているのです。この雨季と乾季がおとずれる気候は、熱帯気候のなかでも「サバンナ（サバナ）気候」とよばれています。

地中海は「巨大な風呂」？

次に紹介するのは、イタリアの気候です。イタリアはローマ帝国などの古代文明をはぐくみ、古くから栄えてきました。その気候は、夏は暑く乾燥し、冬は雨が降り温暖ですごしやすいという特徴があります。なぜこのような気候になるのか、その秘密は地中海にあります。

地中海は、いわば巨大な〝風呂〟です。風呂にためたお湯は、冷めるまでに時間がかかりますね。同じように、一度温まった海もなかなか冷めないのです。海域によって多少の差はありますが、夏の強い日射で温められた地中海の海水温は、冬になっても5℃ほどしか低下しません。つまり地中海は、冬でも温かいということになります。

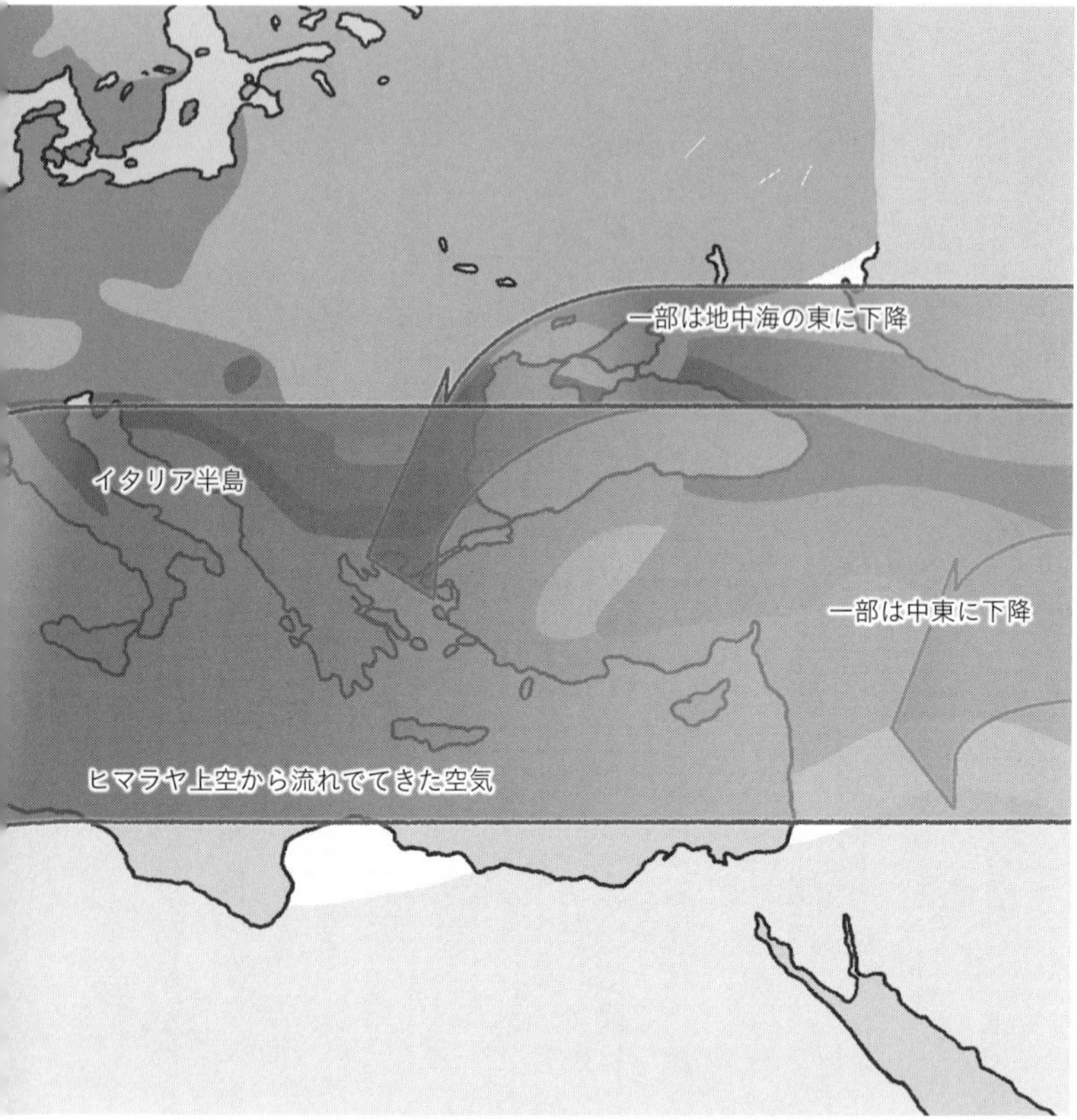

また大規模な海流もなく、寒流も暖流も外部から流入しません。イタリア半島は、温度がほとんど変化しない地中海に三方を囲まれています。そのため、冬になっても大きく冷えこむことはありません。

また夏季になると、地中海の西、イベリア半島の大西洋沖に大きな「アゾレ

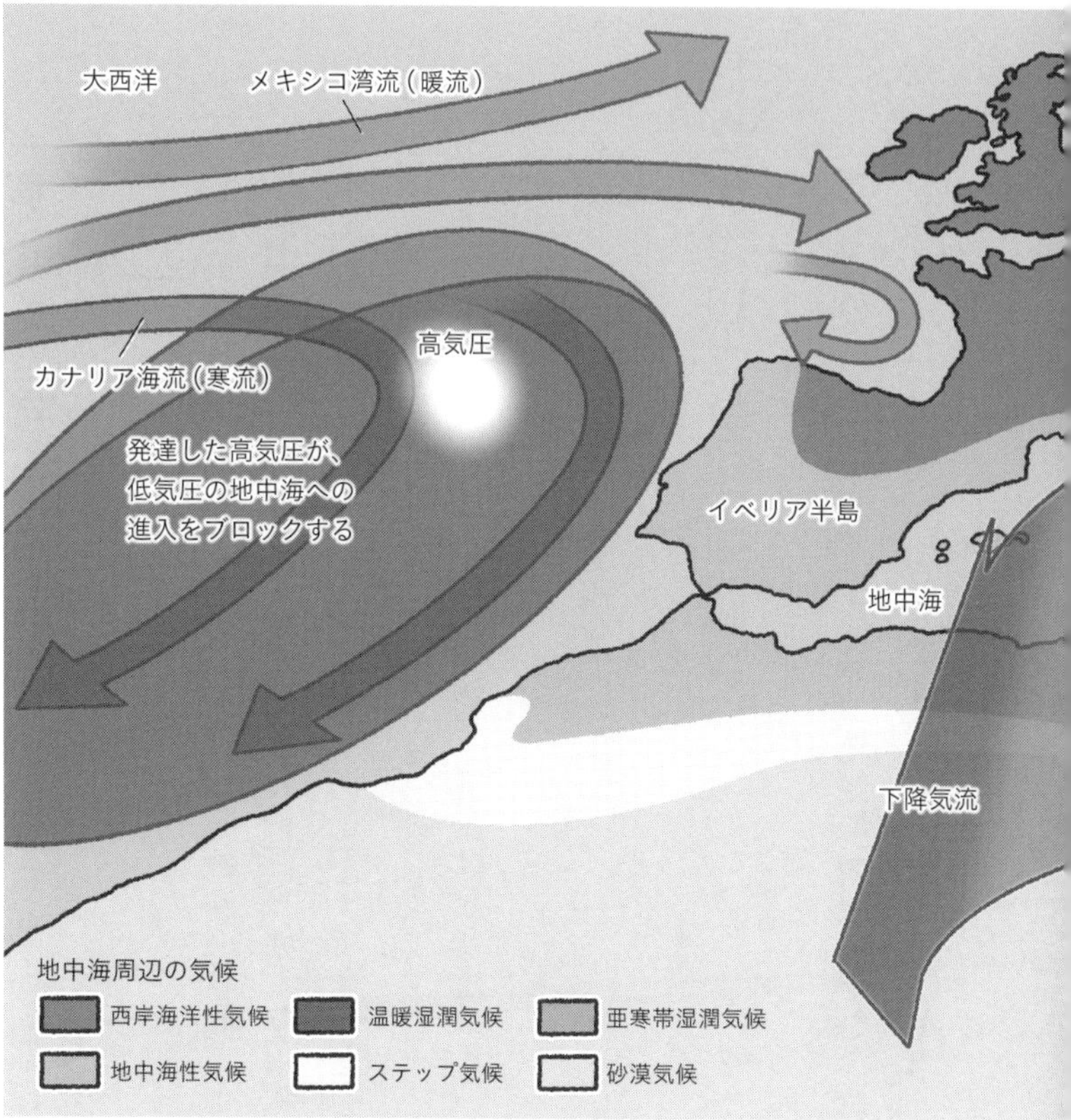

図3-7.　夏にヒマラヤ山脈からやってくる気流

夏季、ヒマラヤ山脈のインド側では上昇気流が発生する。これによりできたヒマラヤ山脈周辺のチベット高気圧が強く西へ張りだし、その一部が冷やされて地中海で下降気流となる。

ス高気圧」が発生します。これはイベリア半島内陸部にくらべて相対的に温度の低い寒流のカナリア海流により、海水面近くの空気が冷やされて重くなるためです。

この高気圧が張りだすため、大西洋を西から移動してくる低気圧はブロックされ、地中海へ入ってこれません。さらに、ヒマラヤ山脈のインド側で発生した上昇気流の一部が冷やされながら地中海上空までしみだし、それが地中海付近で下降気流となるため、地中海自体にも高気圧ができます（図3－7）。こうして天気がくずれにくい、イタリアの快適な気候はなりたっているのです。しかし、近年では地中海が温暖化しているため、イタリアやギリシャなどの沿岸地域で猛暑とそれにつづく山火事が頻発しています。

なぜイギリスは年中暖かい？

この章のはじめに、イギリスの気候について少しふれましたが、この地域の気候は特徴的ですので、もう少しくわしく解説しましょう。

イギリスは北海道より500キロメートル以上も北に位置しており、北海道よりずっと寒そうに思えますが、海流のはたらきにより温帯気候です。そのためロンドンの年平均気温は10℃で、日本の東北地方とほぼ同じです。ロンドンは冬でも温暖で、月平均気温が氷点下になることはありません。

温暖な気候の理由は、周囲の海水温が温かいことにあります。イギリスの周囲の海水温は、高緯度にしては温かく、10℃をこえます。また大西洋の向かい側の同緯度に広がる海水温とくらべても、10℃近くも温かいのです。このようにイギリス周辺の海水を温暖にしているのは、メキシコ湾流です。メキシコ湾流はアメリカのフロリダ半島というはるかはなれた南の海から、ヨーロッパに向かって流れてきます（図3－8）。メキシコ湾流は、大西洋を横断して、遠くイギリス付近まで温かい海水を運んでいるのです。

こうしてイギリス沿岸に広がる温かい海水は、陸地が冷えこむ冬になっても〝暖房〟となってその地域の空気を温めます。海流は、世界各地の気候を決めるのに重要な役割を果たしているのです。

さて、冬でも温暖という特徴にくわえ、イギリスやノルウェーなど、高緯度の

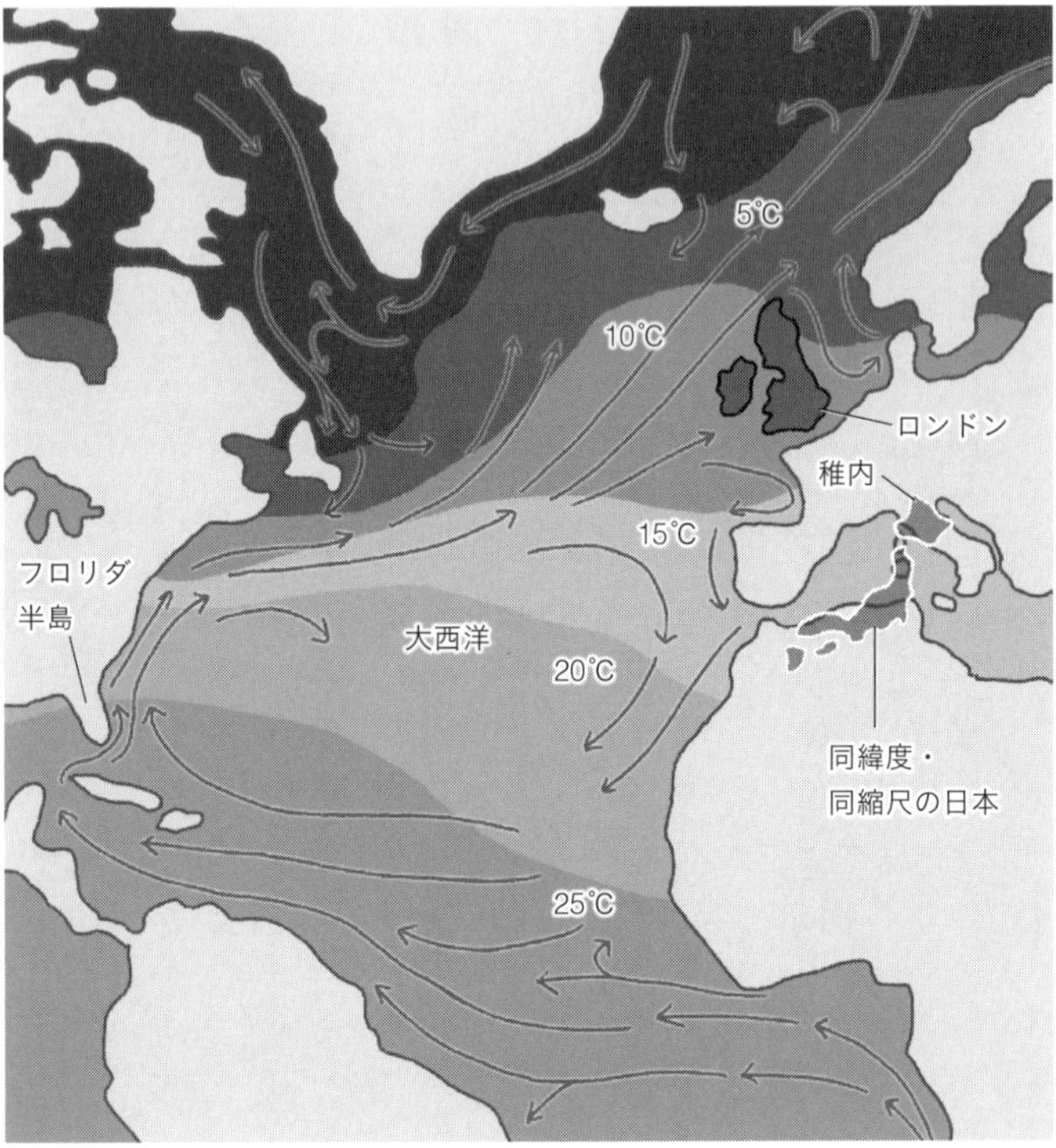

図3-8.　メキシコ湾流

大西洋を横断し、遠くイギリス付近まで温かい海水を運ぶ。

ヨーロッパの国々では、雨と晴れを連続してくりかえすことも特徴です。雨が降りだして数十分で晴れたかと思うと、また数十分でくずれ、ふたたび短い時間、雨が降る……。たとえばテニスの4大大会の一つ、ウィンブルドン選手権はイギリスで開催されますが、しばしば雨による中断が入ります。これは今お話ししたような気象が影響しているのです。

イギリスで降ったり晴れたりをくりかえすのは、「渦巻き状の雲」をともなった低気圧が原因です。これは渦巻き状の雲と、その間の晴れ間が連続して通過するためにおきます（図3－9）。

この低気圧は、中緯度で発生する温帯低気圧の一つです。しかし通常日本付近にくる温帯低気圧とちがい、かなり発達しています。ではいったい、なぜ雲が渦を巻くのでしょうか。

温帯低気圧は、温かい空気のかたまりと冷たい空気のかたまりが南北に接するところで発生します（図3－10の1）。北半球では、基本的に「南の空気塊」は温かくて軽く、「北の空気塊」が冷たく重い状態です。そのため、二つの空気塊の接触面では、南の暖気が北の寒気の上に、北の寒気は南の暖気の下に移動しはじめ

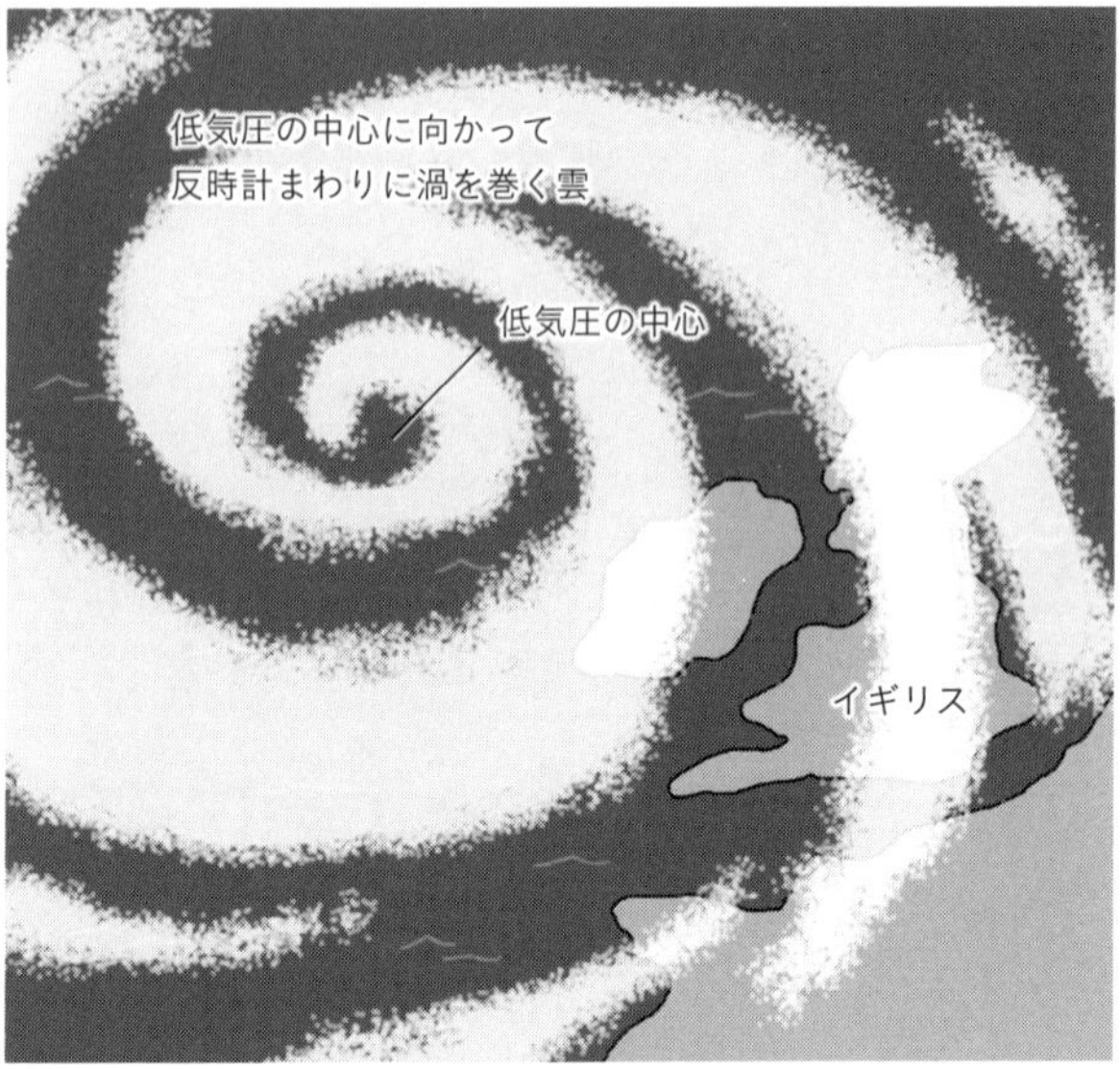

図3-9. 渦巻き状の雲ををともなう温帯低気圧

渦巻き状の雲と、その間の晴れ間が連続して通過するためにおきる気象。

ます(2)。

このとき地球の自転の影響で、暖気と寒気はそれぞれ反時計まわりにまわりこみます。そして暖気の上昇によって雲ができて雨が降り、上昇気流が強まることで回転の中心の気圧が下がって、北大西洋特有の温帯低気圧が発達します(3)。

こうしてできた北大西洋の低気圧の中心に、暖気の上昇によってできた雲が巻きこまれはじめます。その結果、渦状の雲がつくられるというわけです(4)。

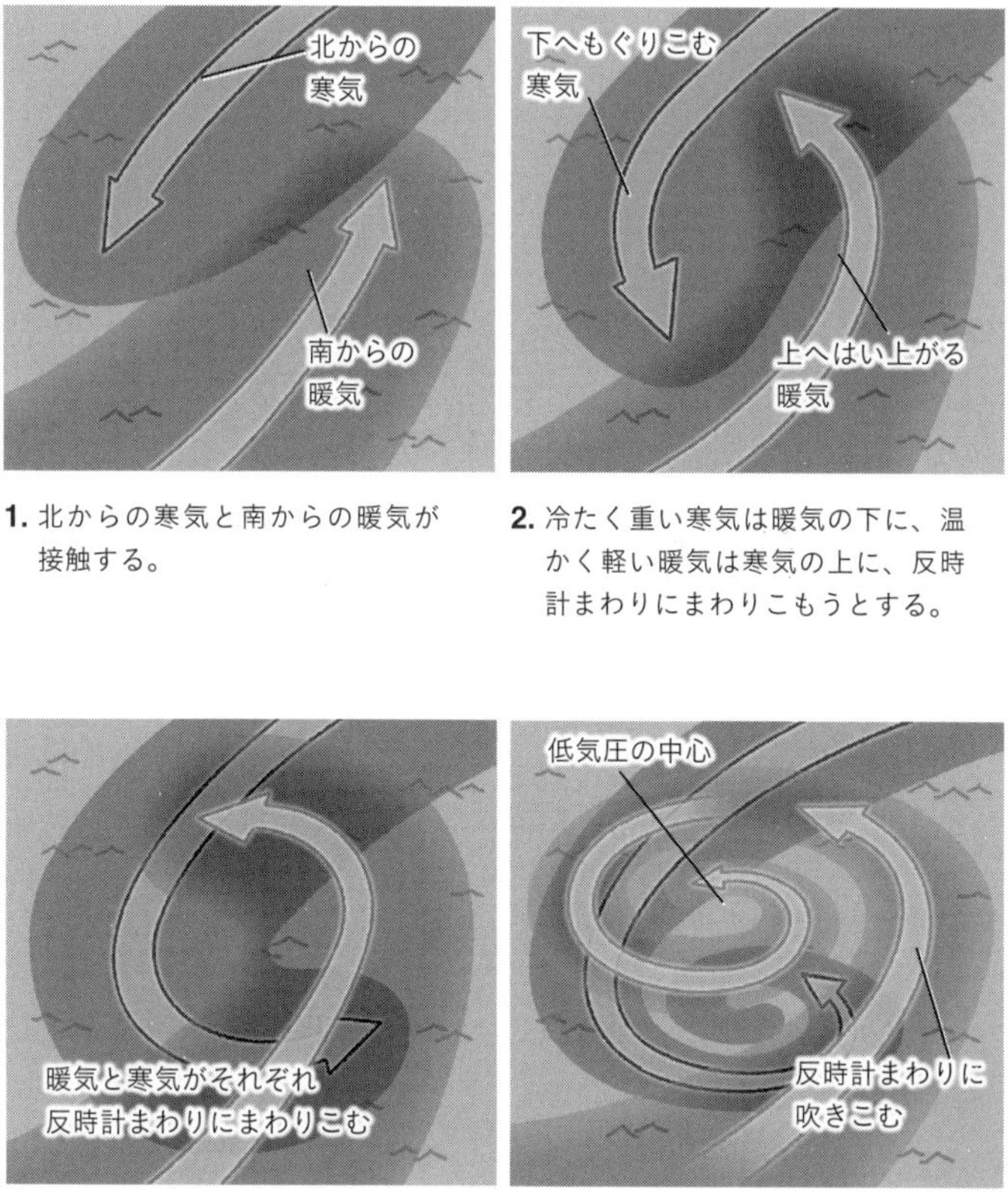

1. 北からの寒気と南からの暖気が接触する。

2. 冷たく重い寒気は暖気の下に、温かく軽い暖気は寒気の上に、反時計まわりにまわりこもうとする。

3. 寒気に押し上げられた暖気により、水蒸気が上空へ運ばれて雲ができる。このとき、回転の中心が低気圧となる。

4. 低気圧の中心に向かって、寒気が反時計まわりに渦を巻き、つづいて暖気が、そして上空の雲も渦を巻く。下層が冷たい寒気、上層が温かい暖気となり、大気の状態が安定し、低気圧は消失する。

図3-10.　渦巻き状の雲が生まれる過程

そして、この状態になると暖気が上層、寒気が下層となります。すると大気の状態が安定になり、やがて温帯低気圧は消失します。

海風がもたらす、アジアの高温多湿な夏

次は、日本を含むアジアの気候についてお話ししましょう。アジアの夏は、日本と同じ「高温多湿」が特徴です。このように蒸し暑く雨の多い気候は、「モンスーン」とよばれる、海から吹く風によってもたらされます。

モンスーンは、海と陸の温まりやすさのちがいによって発生する風です。陸は海よりも温まりやすく冷めやすいため、夏に日が昇ると、陸の温度はぐんぐん上がります。それとともに、陸上の空気は温められて膨張します。こうして温まりやすい陸では「低気圧」、温まりづらい海上では「高気圧」が発生します。その結果、気圧の高い海から気圧の低い陸地へ向けて、空気の移動(風)が生じるのです。このような風を「海風」といいます。

一方、夏の夜は急激に陸地の温度が下がり、空気が冷やされた陸地で高気圧が

できます。その結果、昼間とは逆に陸で高気圧、海で低気圧ができることになり、陸から海に向かって「陸風」が吹くのです。海風と陸風をまとめて「海陸風」といいます（図3－11）。

ではこの海辺の風がアジアの夏の気象と、どう関係するのでしょうか。海陸風は海辺の数キロメートルの範囲でおきる局地的な現象ですが、この現象と似たメカニズムで、数千キロメートルという大規模な範囲で生まれる風があります。これがモンスーンです。

夏になるとユーラシア大陸の温度が上がり、低気圧ができます。一方、陸地にくらべて温度の低いインド洋には高気圧ができ、海から大陸に向かって風が吹きます。これがモンスーンのメカニズムです。

モンスーンは南西風ですので、温かく、インド洋で大量の水蒸気を含んでいます。そのような風が吹くことにより、アジアに高温多湿な夏がやってくるのです。このような気候を「モンスーン気候」といい、夏は東アジア全域でこの気候になります（図3－12）。とくにインドでは、モンスーンがヒマラヤ山脈に衝突することで、大量の雨がもたらされます。日本は6月から7月にかけて梅雨の時期

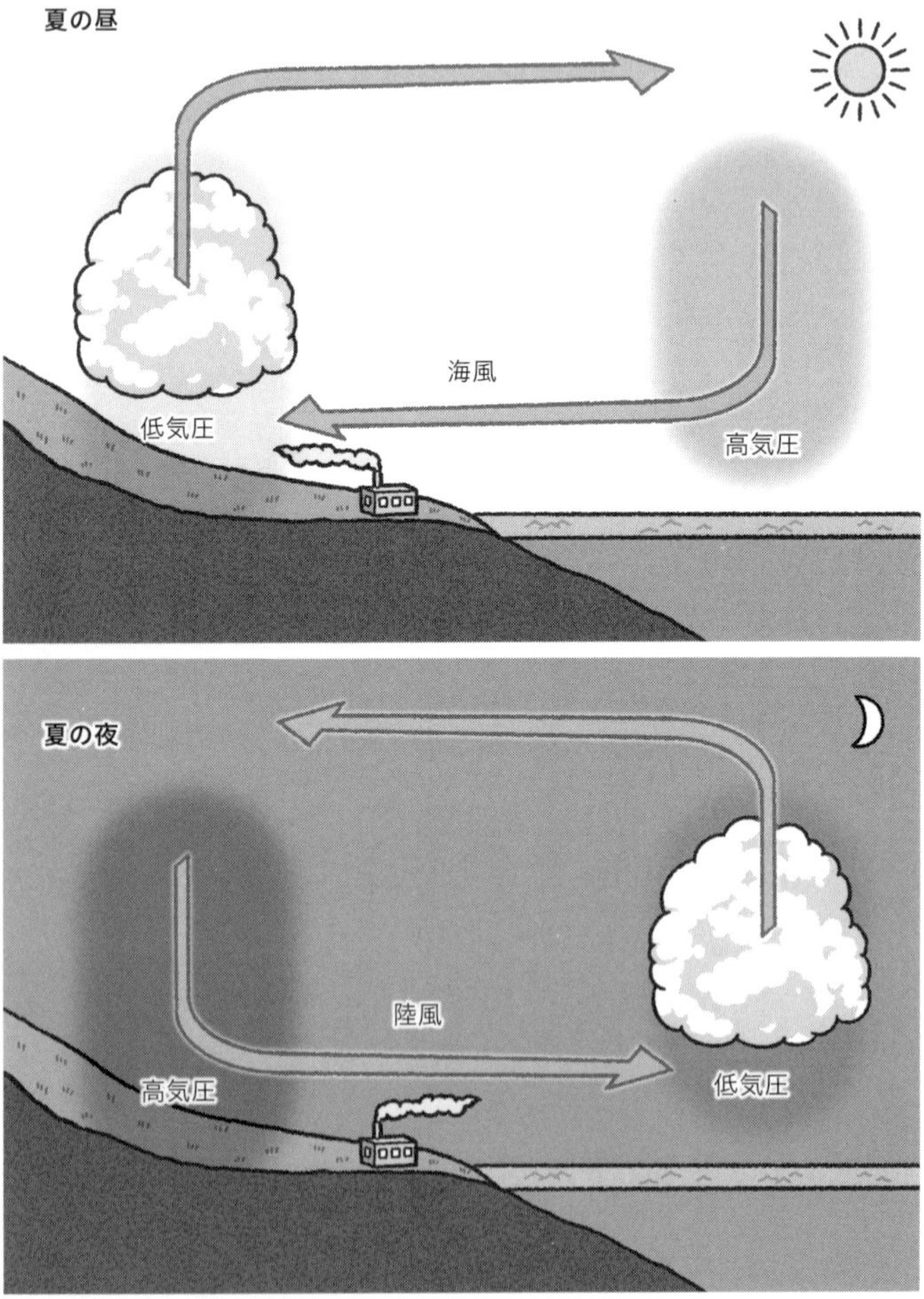

図3-11.　海陸風の吹き方

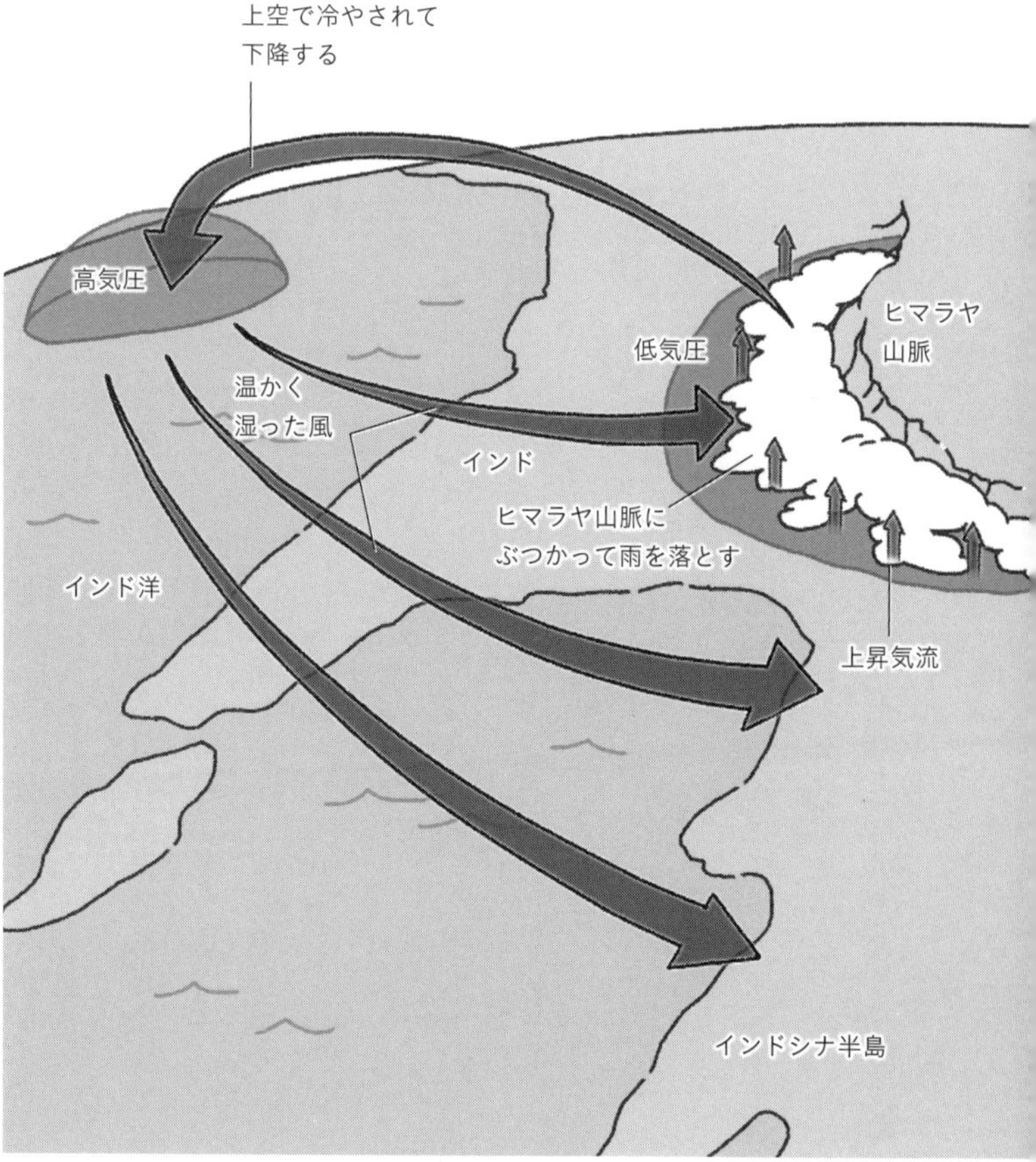

図3-12.　モンスーン気候のしくみ

インド洋で大量の水蒸気を含んだ南風「モンスーン」が吹くことで、アジアの高温多湿な夏がもたらされる。

に入りますが、実は日本の梅雨も、海から陸に向かって吹くアジアのモンスーンがもたらしています。

では、アジアの冬はどうなのでしょうか。冬は、低気圧と高気圧の位置関係が大陸と海で逆になります。冬のはげしい冷えこみにより、大陸内部では空気が重くなって高気圧が発生し、相対的に気温の高い海洋には低気圧ができます。そのため、冬には乾燥した陸から海に向かってモンスーンが吹きます。モンスーンは夏と冬で、向きが反対になるのです。

ちなみにモンスーンはもともとアラビア語で「季節」を意味する言葉で、季節によって風向きが入れかわることから名づけられました。

南アメリカに砂漠をつくった冷たい海

次に紹介するのは、南アメリカにある変わった砂漠です。モンゴルのゴビ砂漠のように、多くの砂漠は海から遠くはなれた大陸内部に広がっています。しかしチリには海沿いに細長く広がる砂漠があります。それが「アタカマ砂漠」です。

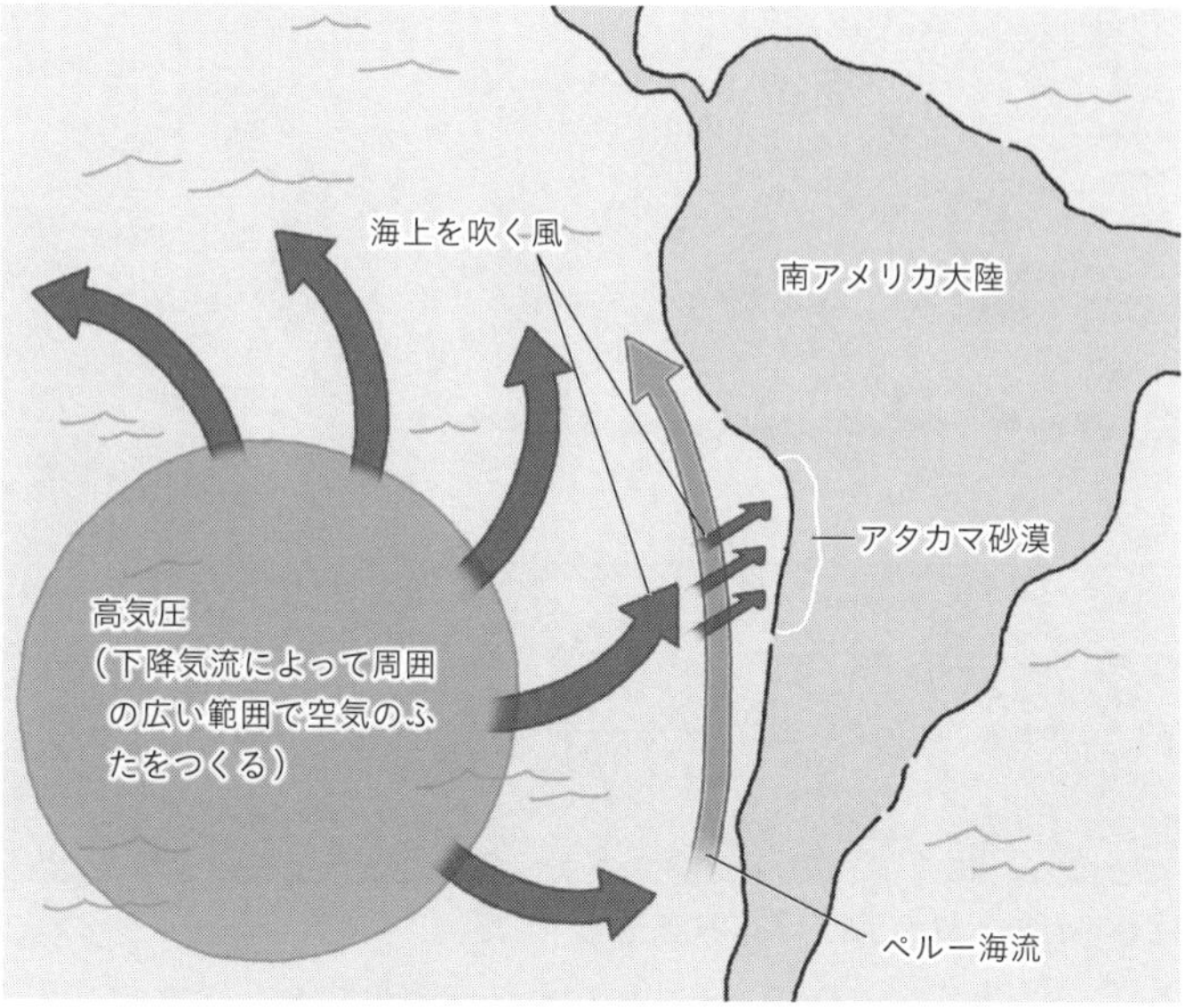

図3-13.　アタカマ砂漠沖合いの海流、気圧、風の動き

海沿いならば、海から湿った風が入って雨が降ってもよさそうなものですが、アタカマ砂漠にはほとんど雨が降りません。何と40年間も雨が降らなかった地域すらあるのです！

では、なぜ海沿いにもかかわらず砂漠ができるのか、順に説明していきましょう。まず、アタカマ砂漠の沖合いには「ペルー海流（フンボルト海流）」が流れています。この海流は、南から冷たい海水を運んでくるため、沿岸の海水温が低くなっています。この低い海水温のため、この地域では海上に高

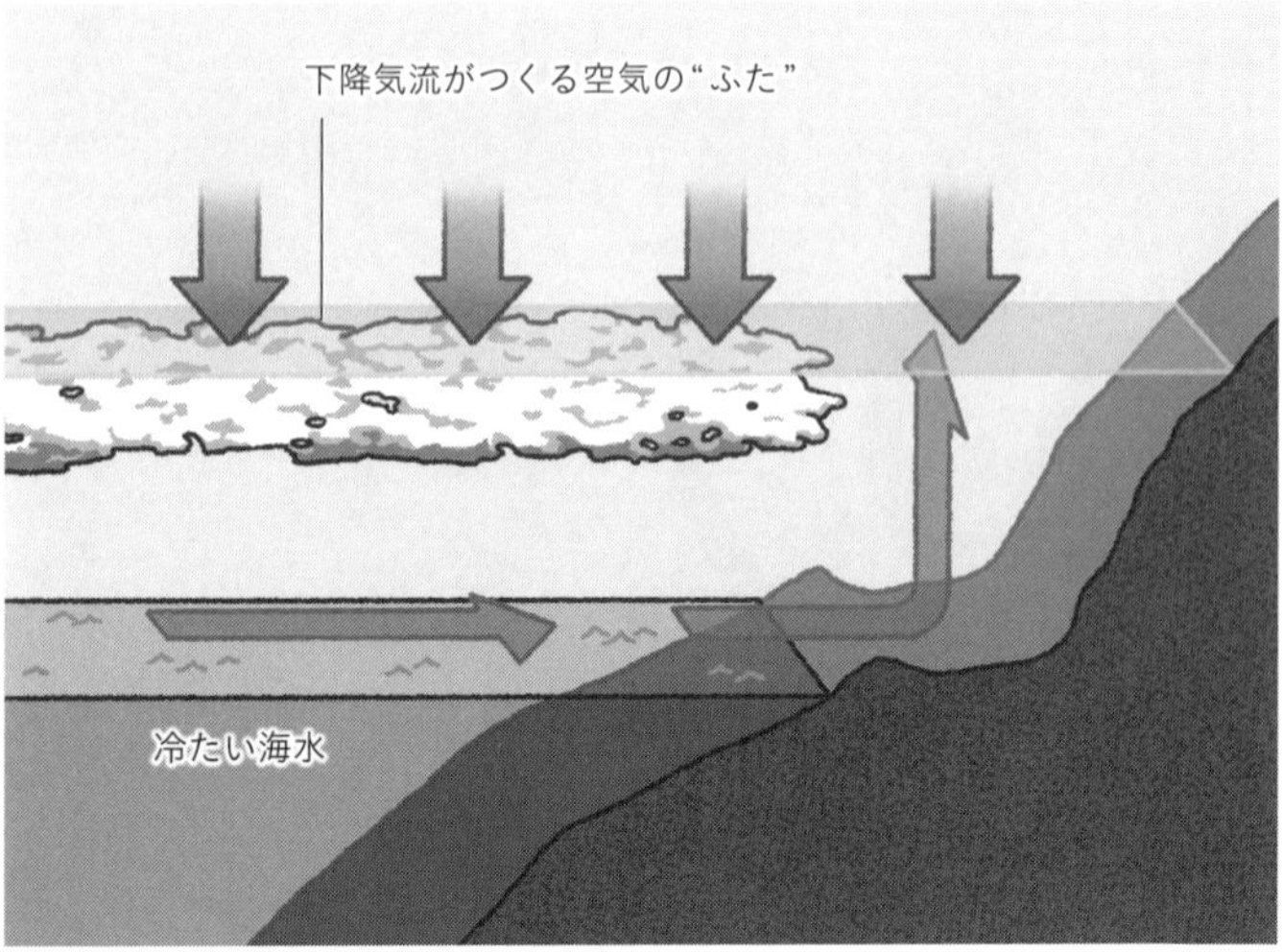

図3-14.　下降気流がつくる空気の“ふた”

下降気流が上空1〜2キロメートルの場所に空気の“ふた”をつくり、上昇気流をさまたげている。

気圧が居座ります。すると、その高気圧から吹きでる南西風が、低温の海によって冷やされた空気を陸に送りこみます（図3－13）。

冷たい空気は、少ししか水蒸気を含むことができません。そのため低温の海から陸地に送られる空気には、水分があまり含まれていないのです。

水分の少ない空気が陸地で温められると、湿度が低下し、乾燥した空気になります。そのため、この空気がたとえ上空に運ばれても、雲があまりできません。これが砂漠ができた理由です。

砂漠ができた理由はほかにもあります。アタカマ砂漠がある地域には海岸沿いに低い山地があり、海からの気流が侵入しにくくなっています。さらにこの地域の広い範囲で、高気圧にともなう下降気流が上空1～2キロメートルの場所に空気の〝ふた〟をつくっています（図3－14）。

空気のふたにより、お湯と水が分離したお風呂のように安定した構造となっており、上昇気流がおきません。こうして海の冷たさにさまざまな条件が重なって、海沿いに砂漠が生まれたというわけです。

ちなみにアタカマ砂漠にかぎらず、実は大陸の西岸というのは、同じような環境がそろいやすいのです。アフリカのナミブ砂漠やサハラ砂漠の西側部分、そしてアメリカ西海岸のソノラ砂漠なども、同様のメカニズムで生まれました。必ずしも砂漠は海から遠い場所にある、というわけではないということですね。

海流が生みだす、サンフランシスコ名物の霧

次はアメリカ西海岸の街、サンフランシスコの気候についてご紹介しましょう。サンフランシスコは夏に「霧」が多く発生することで知られています。この霧の発生にも、海がかかわっているのです。まずはサンフランシスコ周辺の海がどのようになっているのか見ていきましょう。

この街の緯度は、北緯37度で福島県とほぼ同じです。福島県沿岸部の夏の海面水温は22℃前後ですが、サンフランシスコ沿岸では12℃前後まで下がることもあります。福島とほぼ同じ緯度にもかかわらず、なぜサンフランシスコ沿岸はそれほど低温なのでしょうか。

サンフランシスコ付近では、1年を通して北風が吹いています。北半球の海では自転の影響で、北風が吹くと表面の海水は西へと動きます。これは「エクマン輸送」とよばれるもので、コリオリの力と同じく、北半球では風の進行方向に対して右向きに海水が動くのです。サンフランシスコ沿岸では、岸から沖へと向か

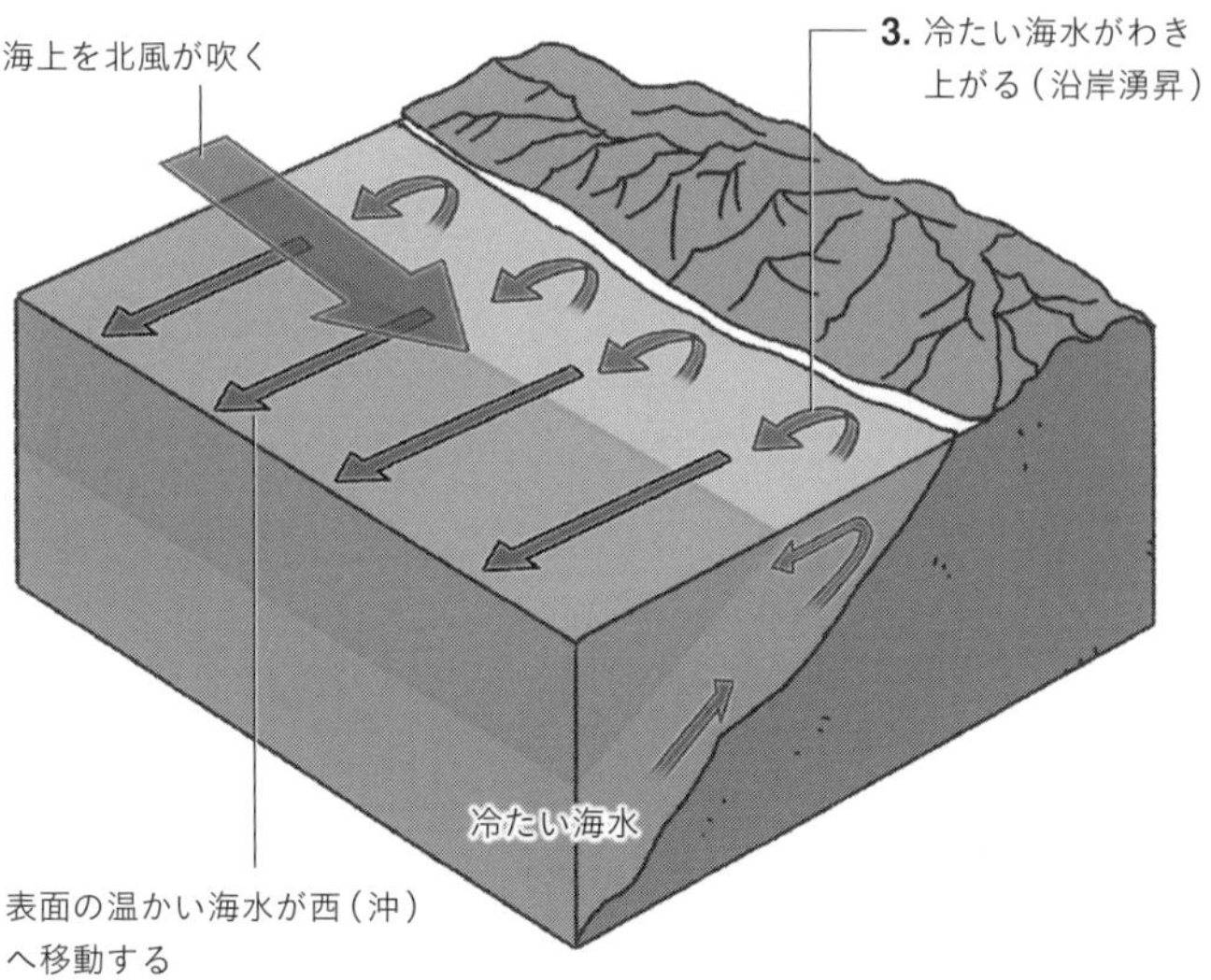
1. 海上を北風が吹く
3. 冷たい海水がわき上がる（沿岸湧昇）
冷たい海水
2. 表面の温かい海水が西（沖）へ移動する

図3-15.　沿岸湧昇がおこるしくみ

う方向になります。

エクマン輸送によって表面の海水が沖へと運ばれてしまうと、その分の海水をどこかから補充しなければなりません。南北の長い距離にわたって北風が吹き、表面の海水が沖合いにもっていかれるというこの状況においては、海水は下から湧き上がってくるしかありません。これを「沿岸湧昇」といいます（図3－15）。

どんなに温かい海でも、海面から数百メートル下には冷たい海水の層が広がっています。沿岸湧昇で湧き上がってくるのは、この

「冷たい海水」です。太平洋の沖合いからやってくる湿った空気は、サンフランシスコ沿岸の冷たい海水で冷やされ、水蒸気が細かな水滴となります。これが「霧」です。深くから湧き上がった冷たい海水が、空気を冷やすことで、空気中の水蒸気を霧に変えてしまうわけです。

実は冷たい赤道直下の海

次は、エクアドル沖の赤道直下の海についてお話ししましょう。赤道直下の海はすごく温かそうだと想像する方も多いと思います。ところが太平洋の東部では、赤道上に周囲より冷たい海水が、細くのびている場所があるのです。温かいはずの赤道直下の海水温がなぜ低くなっているのか、これは長い間の謎でした。この謎を解明したのは、日本の海洋物理学者、吉田耕造（1922〜1978）です。

吉田耕造は沿岸湧昇と同様のメカニズムで、赤道の冷たい海水の帯も説明できることを示しました。図3－16を見てください。まず、赤道には西向きの貿易風

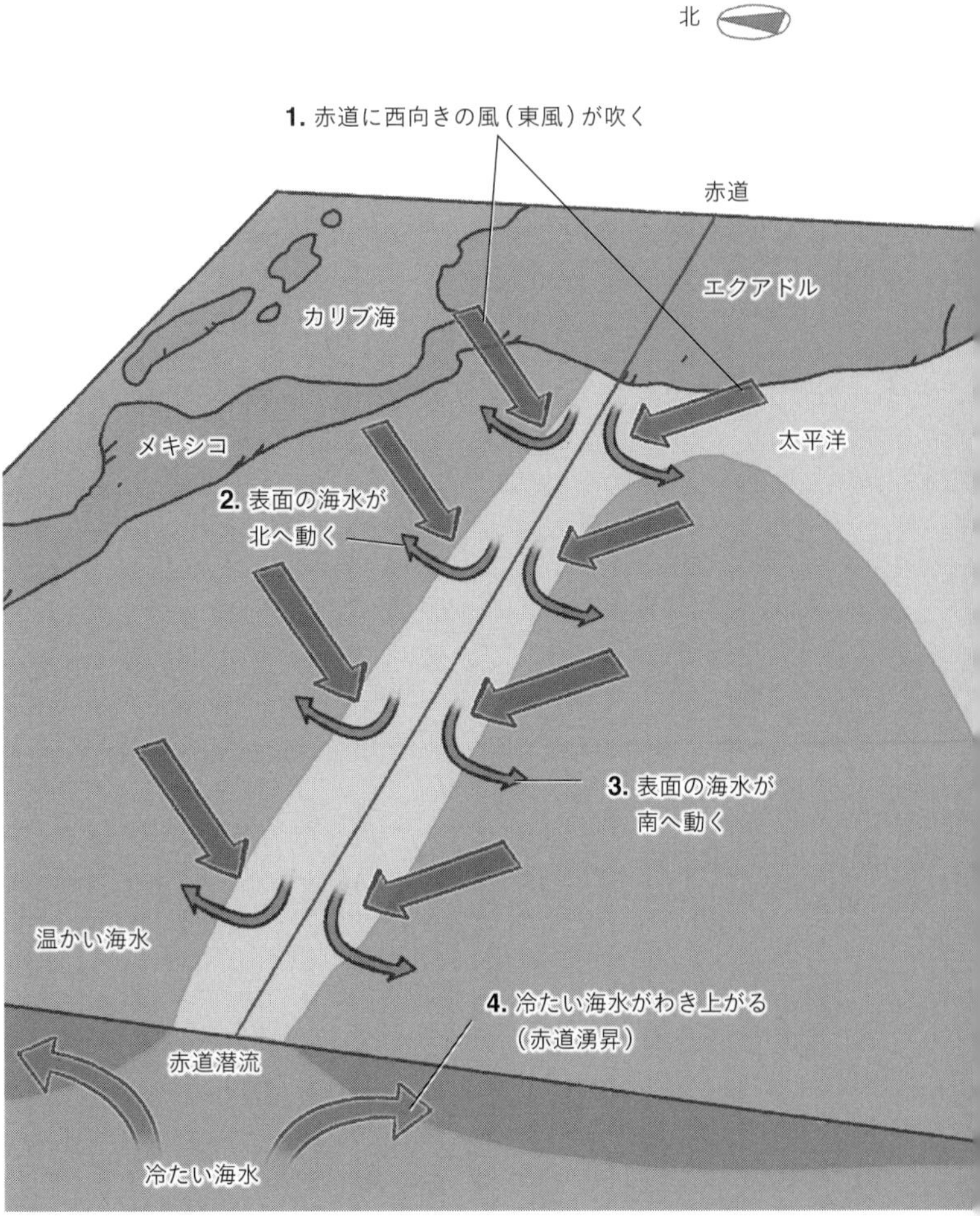

図3-16.　赤道湧昇が起こるしくみ

がつねに吹きこんでいます。貿易風は赤道付近であれば基本的に世界中で吹いており、西向きの風が吹くと、赤道の北側ではエクマン輸送によって海水が北に向かって動かされます。コリオリの力と一緒で、北半球では風の進行方向に対して右向きということですね。

一方赤道の南側では、北半球とは逆に、エクマン輸送によって海水は南に向かって動きます。このように表層の海水が南北に移動してしまうと、それをおぎなうように下層に広がる冷たい海水が表面へと湧き上がってきます。この現象は「赤道湧昇」とよばれ、この赤道湧昇こそが、赤道にのびる冷たい海水の帯の正体だったのです。このしくみを発見したのが吉田耕造です。ちなみに、湧昇をあらわす「アップウェリング（Upwelling）」という英語も彼がつくり、辞書にも掲載されています。

この赤道湧昇によって広がる冷たい海水は、世界中に異常気象をもたらす原因となる「エルニーニョ現象」にもかかわっています。エルニーニョ現象については、第４章でくわしく説明しましょう。

北極より平均気温で50℃低い「南極」

第3章の最後のテーマは、北極と南極です。どちらも極寒の世界だというイメージをもっている方が多いかもしれません。しかし実際は、北極域のスバールバル諸島の年間平均気温はマイナス4℃と、意外に暖かいのです。それに対し、南極大陸にあるボストーク基地の年間平均気温はマイナス55・2℃です。同じ地球の極であるにもかかわらず、なぜ北極と南極でそこまで差があるのでしょうか。

この差は、それぞれの地理的な要因によって生まれます。まず、北極は大陸ではありません。北極域の大部分は冬、氷に閉ざされていますが、その下には1400万平方キロメートルにおよぶ「海洋」があります。その海洋の保温効果のおかげで、北極の気温はいちじるしく低下することがありません。むしろ冬にはシベリア北東部のほうが、気温が低くなります。

一方、南極には日本の陸地の約36倍に相当する、面積1360万平方キロメー

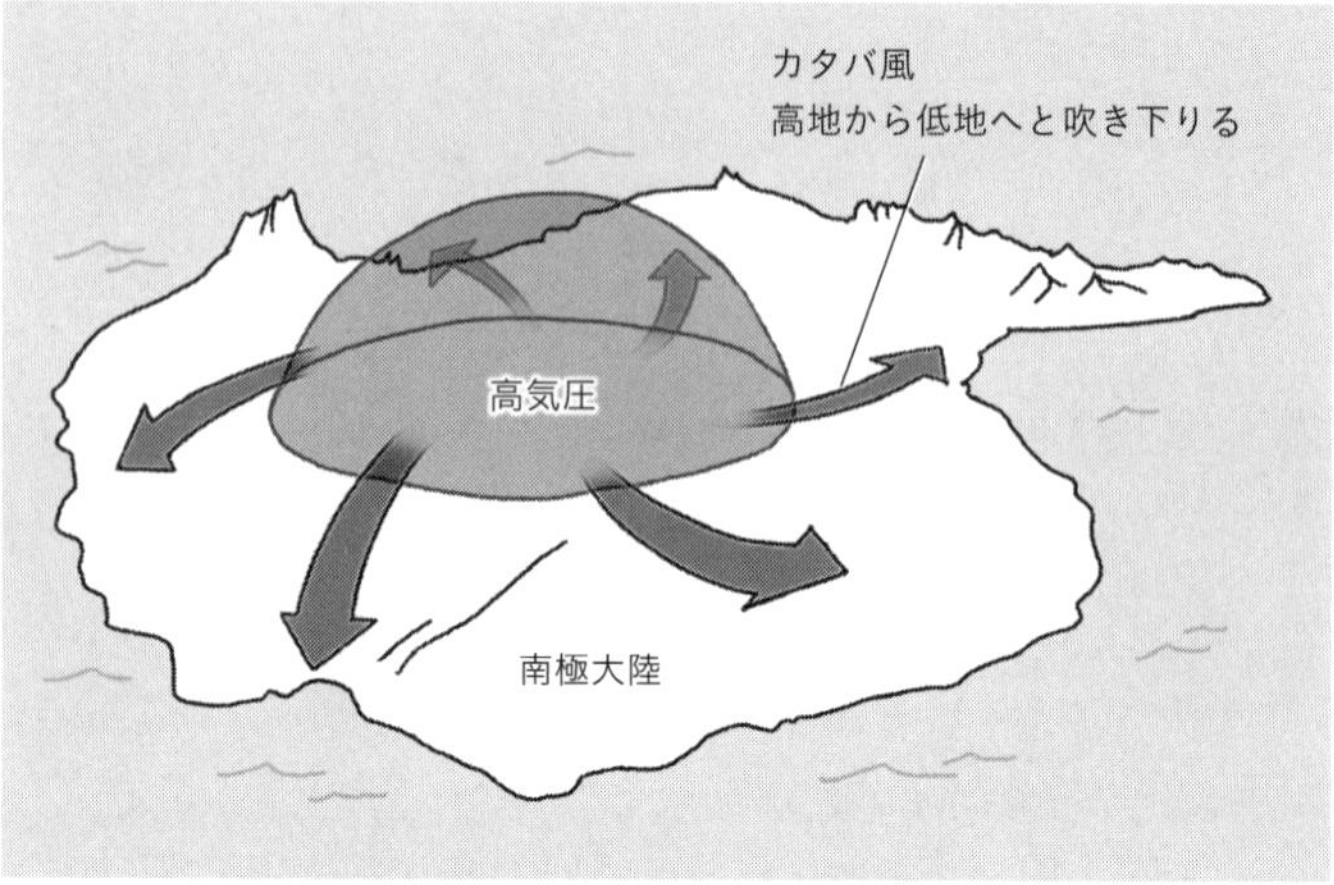

図3-17.　高気圧の影響で発生する「カタバ風」

トル、平均標高2300メートルの大陸があります。冬場はこの大陸でおきる「放射冷却」によって気温が大幅に下がり、マイナス65℃を下まわることもめずらしくありません。

南極では冬になると、そのいちじるしい気温の低下によって地表付近の大気は重くなります。そのため高気圧が発達し、しばしば周囲に向かって風を吹きだします。南極大陸はお椀を伏せたような形をしているため、この風は高地から低地に向かって吹き下ります。その速度は、氷の谷に沿って毎秒数十メートルになることもあります。この風を「カタバ風」といいます（図3－17）。

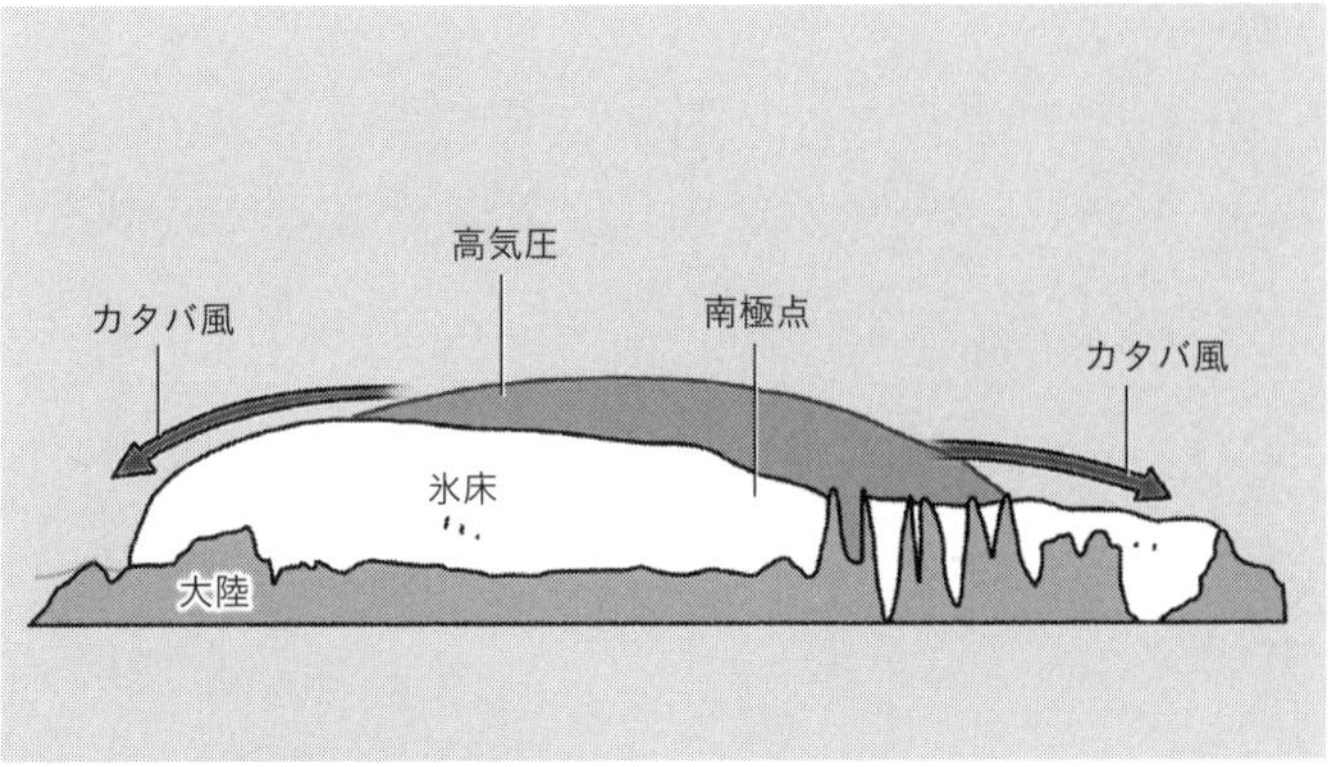

図3-18.　南極大陸の断面図

基盤となる大陸の上に厚さ2000メートル前後の氷床が乗っている。なおこの断面図は高さを強調してえがいている。

図３－18で、南極大陸の断面図を確認してみてください。南極大陸の上に厚さ２０００メートル前後の氷床が乗っていますね。

なお、北極海でもアラスカ沖によく高気圧ができます。しかし北極は南極とくらべると冷えこみが弱く、発生する高気圧の大きさも、そこから吹きでる風の強さも大きなものにはなりません。

また、海洋に囲まれている南極とはちがい、北極は周囲を大陸で囲まれています。冬季には北極よりもシベリアやアラスカなどの内陸のほうが低温になることもあり、内陸で発生した高気圧から北極海に向かって風が吹きこむこともあります。

どちらも氷におおわれた、似たようなイメージをもつ北極・南極ですが、気象は大きくことなるのです。

第4章

「気象災害」と「異常気象」はなぜおきるのか？

積乱雲が集まって台風になる

第4章では、台風や集中豪雨といった災害を引きおこす気象について説明していきます。台風や大雨の被害は、毎年のようにあちこちで出ています。まずは夏から秋に日本をおそう台風について、くわしく見ていきましょう。

第2章でも簡単に紹介しましたが、台風は多くの積乱雲が集まって渦をつくったもので、赤道に近い熱帯の海で生まれます。海水温が高い熱帯の海では上昇気流が生じやすくなっています。上昇気流によって上空にもち上げられた水蒸気は、水滴、つまり雲粒となり、積乱雲が発達していきます。このとき、水蒸気が水滴になることで、周囲に熱が放出されます。つまり積乱雲が熱を放出しているということです。

熱帯の海で次々と発達した積乱雲は、やがて集団をつくります。そして積乱雲の集団の中で放出された熱が、地上の気圧を下げます。こうして積乱雲の集団は「熱帯低気圧」になります。この熱帯低気圧がさらに発達したのが台風です。

熱帯低気圧では中心に向かって風が吹いています。この風が海水面から大量の水蒸気を供給し、熱帯低気圧をどんどん発達させます。そして中心付近の最大風速が秒速約17メートルより強くなると、台風とよばれるようになるのです。

ここで、台風の構造についてくわしく見てみましょう（図4－1）。台風の中心部は、「目」とよばれており、雲がほとんどありません。これは台風に吹きこむ猛烈な風が反時計まわりに回転し、その遠心力によって中心部まで雲が入れないことなどが理由です。台風の目は遠心力でできているのです。

そして台風の目のまわりには、壁のように高くそびえる積乱雲ができます。これを「壁雲」、または「アイウォール」といいます。壁雲の中では、台風の中心に向かって吹きこんだ風が、らせん状に上昇しています。この上昇気流によって目のまわりの壁雲はさらに発達し、雲の下の地域にはげしい暴風雨をもたらします。

壁雲には、さらに台風を発達させるしくみがあります。壁雲をらせん状に上昇してきた空気は、周囲に向かって吹きだすほか、一部は目の中を下降するものもあります。

一般的に空気は下降すると体積が小さくなり温度が上がるという性質がありま

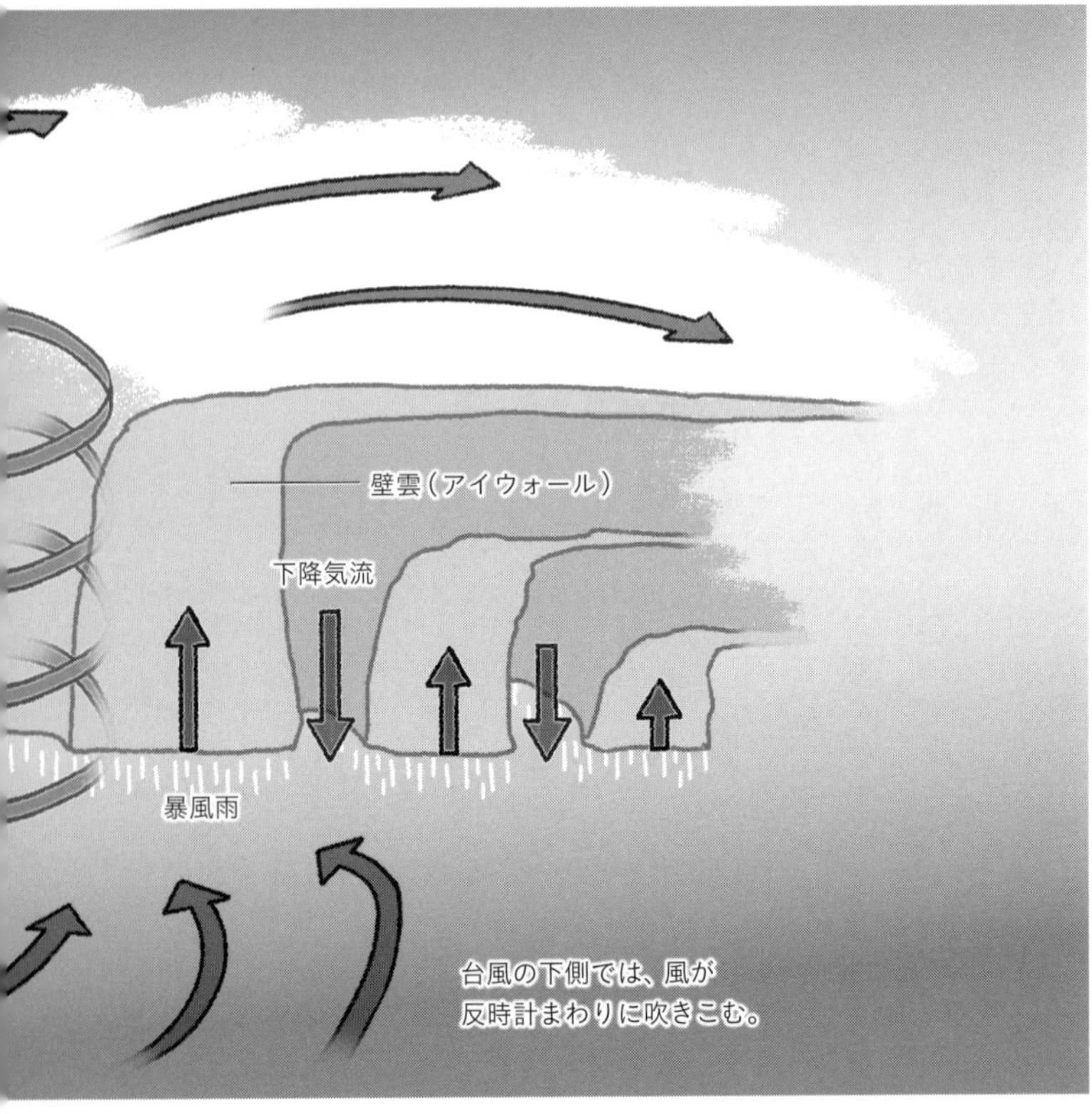

す。そのため台風の目の中には周囲より10℃以上も温かく軽い空気のかたまりができます。これを「暖気核」または「ウォームコア」といいます。

ウォームコアは、地上の気圧を低下させ、周囲からさらに風が吹きこむようになります。こうして台風は周囲から水蒸気を集めて発達していき、猛烈な風や雨をもたらすの

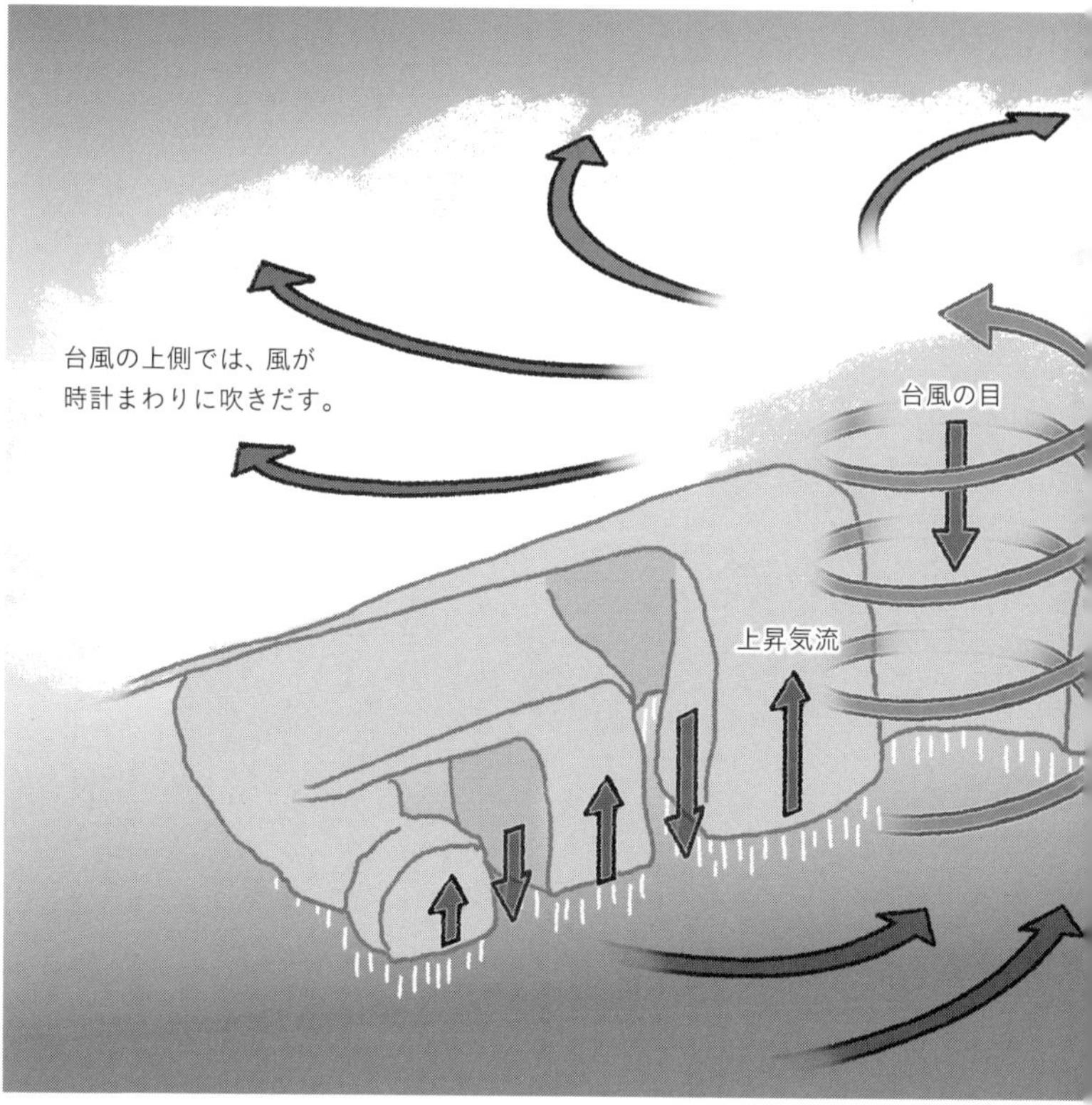

図4-1. 台風のしくみ

目の周囲に発達する壁雲(アイウォール)で、最も風や雨が強くなる。下側では風が反時計まわりに吹きこみ、上側では風が時計まわりに吹きだす。

です。

台風はカーブをえがいて日本にやってくる

第2章でも簡単に説明しましたが、赤道近くの海でできた台風がどのようにして日本にまでやってくるのか、あらためて説明しましょう。台風は基本的に周辺を吹く風に流されて移動します。台風の進路を決める大きな要因は、夏場に日本の東の海上にいすわる太平洋高気圧と貿易風、そして偏西風です。この三つの要因が台風をコントロールしています。

赤道から緯度30度以下の地域には、1年を通して東から西に向かって貿易風が吹いています。そのため熱帯の海上で発生した台風はまず西へと進みます。

次に登場するのが太平洋高気圧です。夏場になると太平洋高気圧は、日本の南東に居座ります。北半球の高気圧からは、時計まわりに風が吹きでているのでしたね。そのため台風は太平洋高気圧から吹きだす風を受け、高気圧の南側から西側をまわるように北上します。

こうして台風が日本付近にやってくると、今度は偏西風の影響を受け、進路を

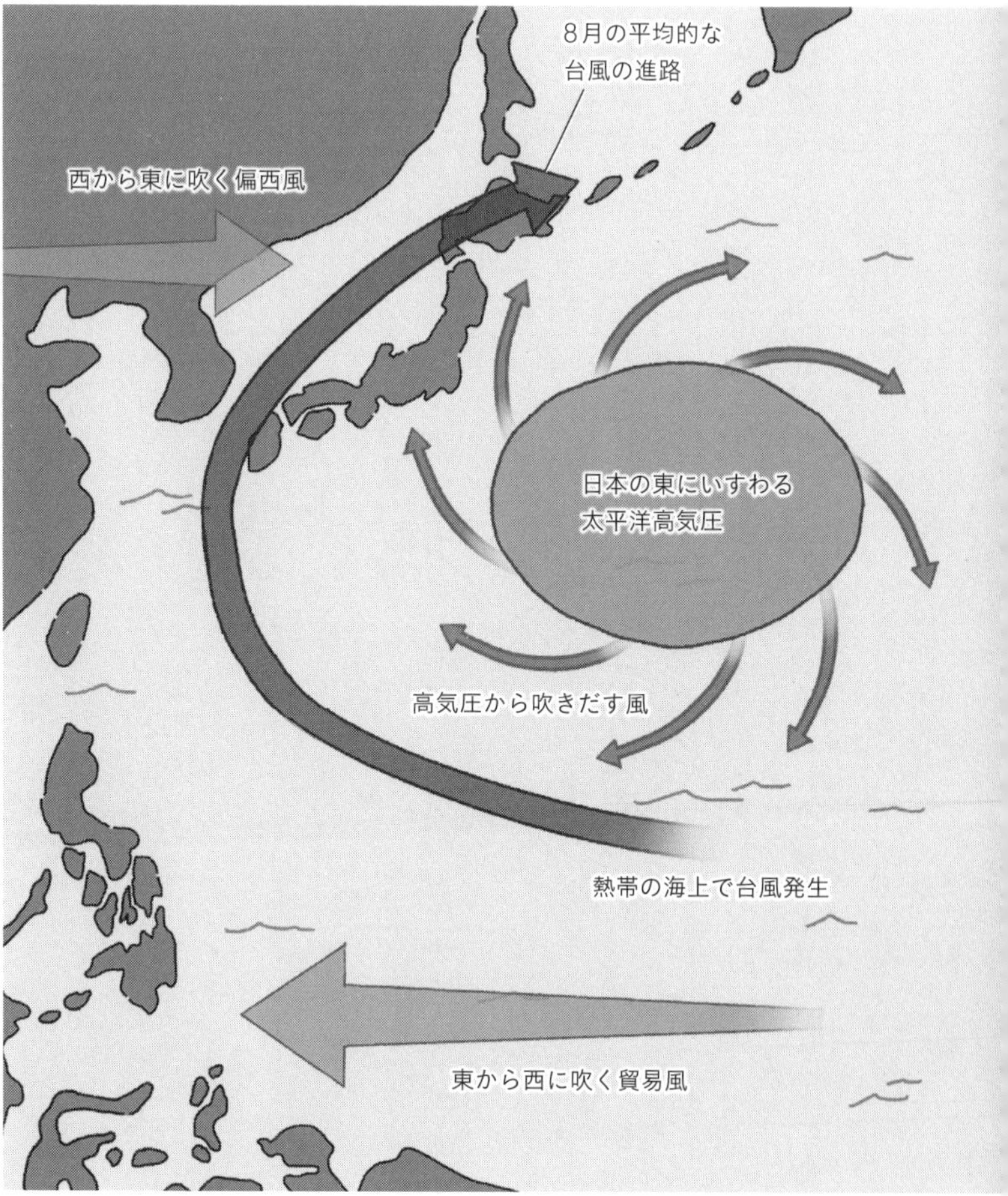

図4-2. 8月の平均的な台風の進路

東寄りに変えて北東へと進むようになります（図4－2）。このようにして、カーブをえがきながら日本列島に沿って台風が進んでいくのです。

図4－3の月別の進路のイラストからもわかるように、とくに太平洋高気圧が少し後退して日本の東にいる夏の終わりから秋に、台風は日本列島を縦断するような進路をとることが多くなります。

年によっては台風がとくに多くなることもあります。たとえば2018年は8月までに21個の台風が発生しました。平年の13・6個にくらべてかなりペースが早かったといえるでしょう。理由としては、台風が発生する海域の海面水温が平年より高かったことなどがあげられます。

また同年の9月以降も8個の台風が発生したため、2018年は年間で29個の台風が発生したことになります。なお1951年の統計開始以来、年間の台風発生件数が最も多かったのは1967年の39個です。

ちなみに台風は北西太平洋、つまり北半球の東経180度より西側で発生した熱帯低気圧のよび名です。同じ熱帯低気圧でも、発生場所がちがえば「ハリケーン」や「サイクロン」などとよばれます。

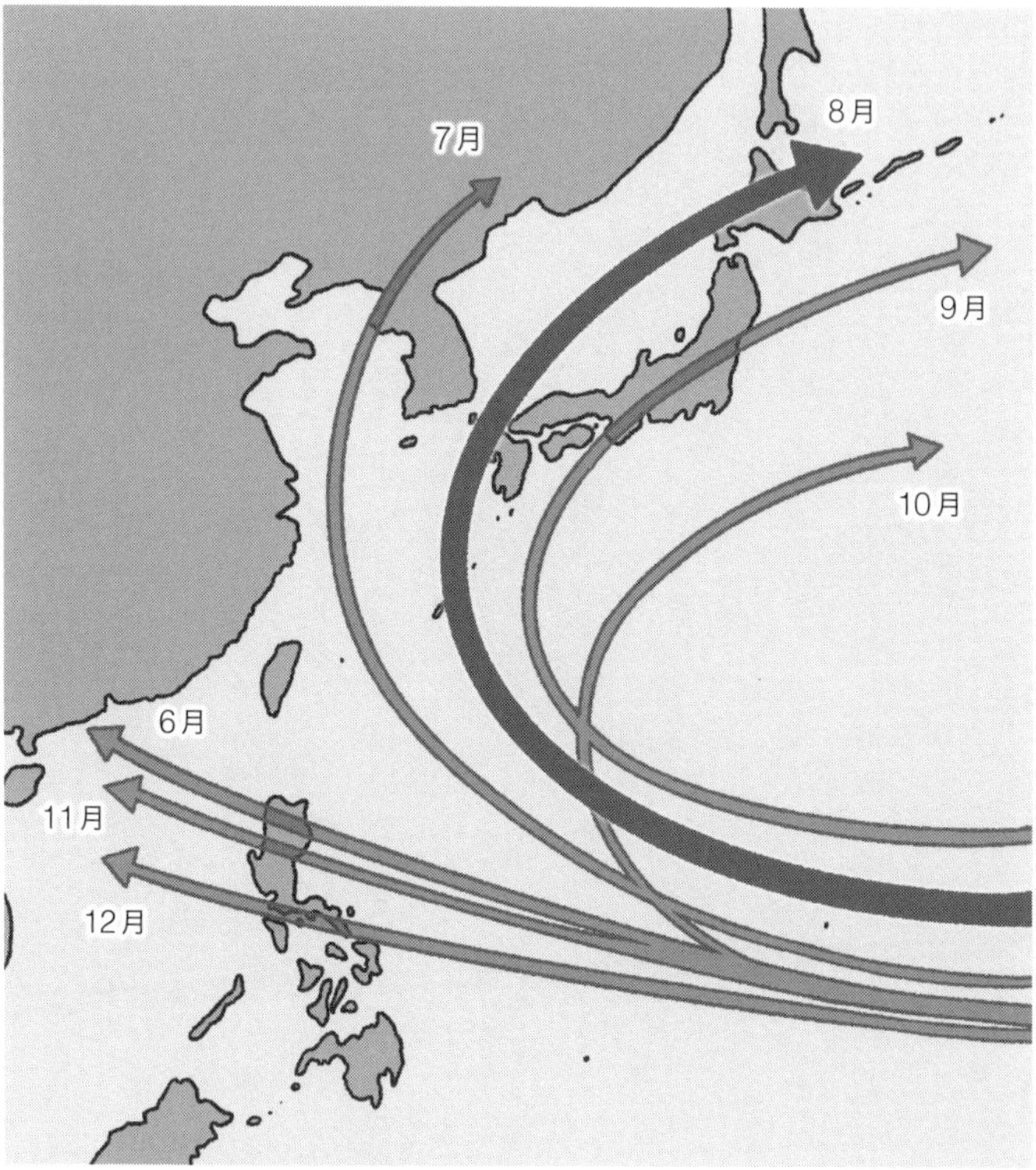

図4-3.　月別の平均的な台風の進路

「スーパー台風」が日本にやってくる？

近年、地球温暖化が深刻な問題となっています。今後、地球温暖化の影響で台風はパワーアップするかもしれません。多くの研究論文で、「熱帯域の海面水温上昇にともない、熱帯低気圧の強度は増大する」と指摘されているのです。なぜ地球温暖化が進むと台風や熱帯低気圧が強くなるのでしょうか。

台風や熱帯低気圧は、大量の水蒸気が上空にもち上げられ、巨大な積乱雲となることでつくられます。地球温暖化により気温が上昇すると、大気が含むことができる水蒸気量も増加します。その結果、台風が発達しやすくなると考えられているのです。

ではこのまま温暖化が進むと、いったいどのような未来が待っているのでしょうか。一般的に台風は、海面水温がおよそ26℃以上の場所で発達し、海面水温が高いほど強い台風になる可能性があります。現在フィリピン沖あたりの海面水温は9月で29℃程度です。しかし今後、地球温暖化によって海面水温が上昇すると、この29℃の海域が西日本沿岸部にまでおよぶと考えられています。そうなると、台風は猛烈な勢いを保ったまま、日本に上陸することになるでしょう。

また台風が強くなる原因には、水深100メートルまでの深い場所の海水温も関係しています。台風は発達するにしたがい、強い風によってその下の海水をかき混ぜます。すると、浅い場所の海水と深い場所の海水が混ざり合います。深い場所の水温が低い場合、浅い場所の海水温も下がってしまい、やがて台風は発達できなくなってしまうはずです。しかしもし深いところまで海水温が高くなってしまうと、たとえ混ざり合っても海面の温度が下がりません。すると台風の発達がつづき、強い台風ができやすくなるのです（図4－4）。

このように、このまま地球温暖化が進むと、たくさんの「スーパー台風」が日本をおそうかもしれません。スーパー台風とは、一般に風速が秒速約67メートルをこえる台風のことをいいます。

2013年にフィリピンをおそったスーパー台風「ハイエン」による死者・行方不明者数は約8000人にのぼり、被災者数は1600万人以上、家屋の倒壊は114万戸という類を見ないものでした。

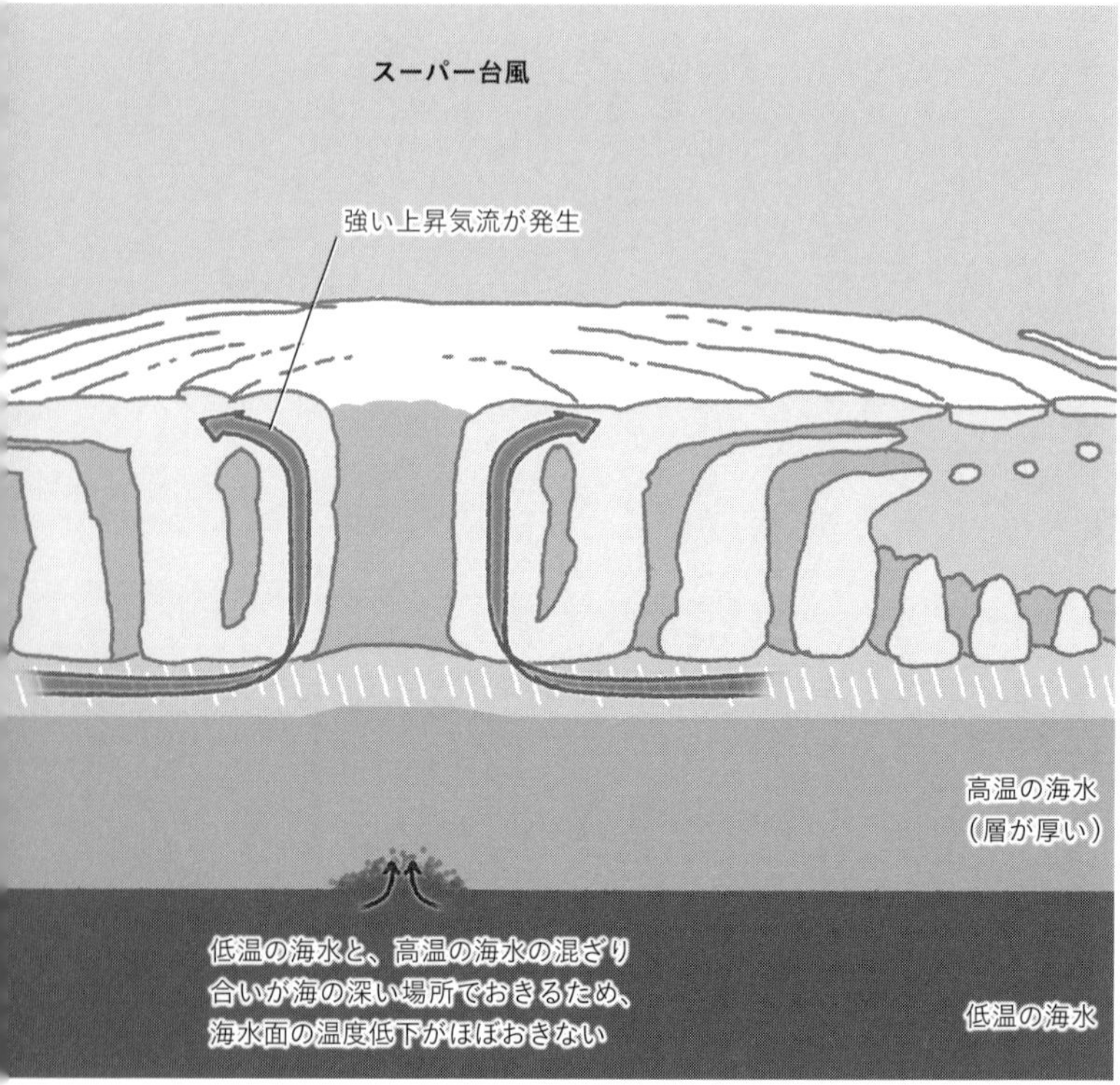
スーパー台風
強い上昇気流が発生
高温の海水
（層が厚い）
低温の海水と、高温の海水の混ざり
合いが海の深い場所でおきるため、
海水面の温度低下がほぼおきない
低温の海水

コンピューターシミュレーションによると、温暖化が進んだ21世紀末に発生すると予想される最大強度の台風の平均風速は、秒速88メートルにも達するといいます。しかもスーパー台風のいくつかは、その強度を維持したまま日本付近に達するというおそろしいシミュレーション結果も出ています。

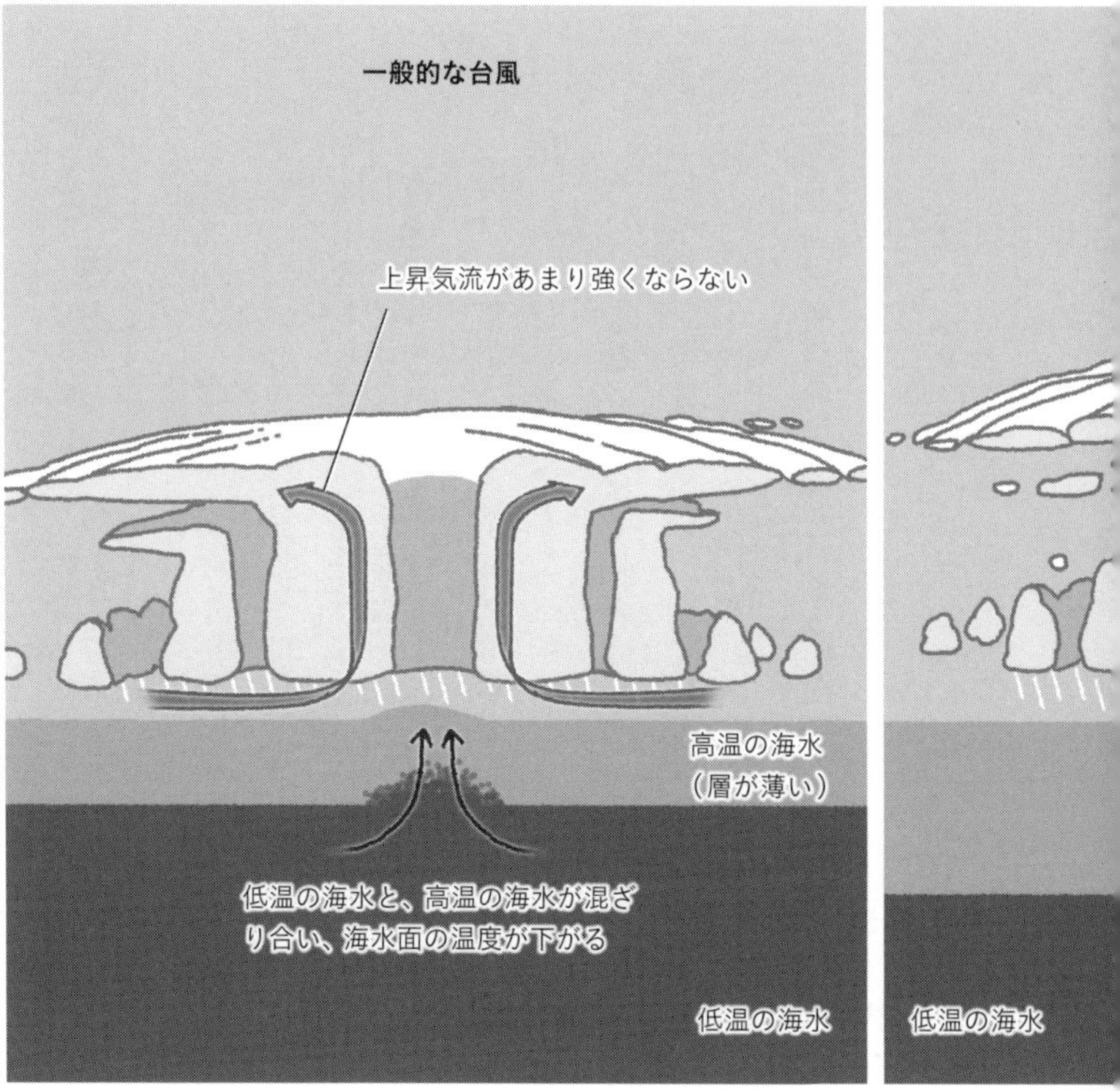

図4-4. 一般的な台風とスーパー台風の発生の仕方のちがい

巨大積乱雲「スーパーセル」が竜巻を生む

つづいて、竜巻について説明しましょう。日本では夏〜秋にかけて竜巻が発生することがあり、家屋などに大きな被害をもたらします。一方アメリカの内陸部では、日本とはけたちがいに巨大な竜巻が数多く発生しています。

竜巻は、きわめて大きく発達した「スーパーセル」とよばれる積乱雲から生じます。一般的な積乱雲は1時間ほどで寿命をむかえますが、スーパーセルは数時間にわたって発達することもある「特殊な積乱雲」なのです。

では、なぜそこまで長寿命なのでしょう。通常の積乱雲は、前述したように、下降気流が上昇気流を打ち消して徐々に衰退していきます。しかしスーパーセルは、上昇気流と下降気流の通り道がことなるため、下降気流が積乱雲の原動力である上昇気流の邪魔をしません。こうしてスーパーセルは雨を降らせながら、長時間発達しつづけることができるのです（図4－5）。

では、巨大になったスーパーセルから、どのように竜巻が発生するのでしょ

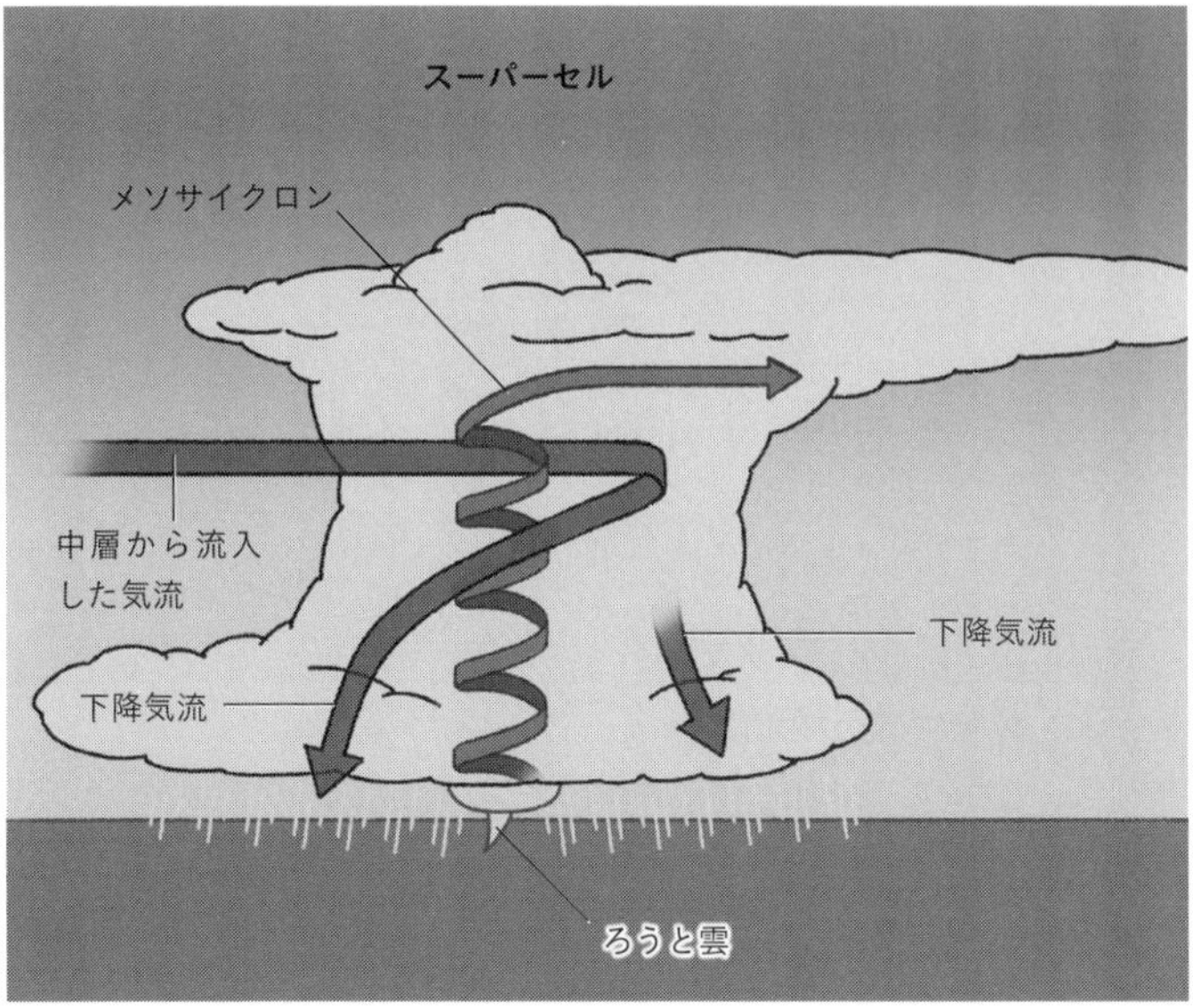

図4-5.　スーパーセルが長時間雨を降らせるしくみ

う。スーパーセル内には、「メソサイクロン」という渦を巻いた上昇気流があります。地上の風のぶつかり合いなどで生じた渦が、メソサイクロンの下にある上昇気流によって上に引きのばされるなどして、直径数十～数百メートルほどの細く強い渦になることがあります。これが竜巻です。

竜巻が生じると、スーパーセルの底から飛びでた円筒状の雲から細長い「ろうと雲」が地上にのびていき、竜巻の姿が見えるようになります（図4－6）。

さて、皆さんはそんな竜巻に似

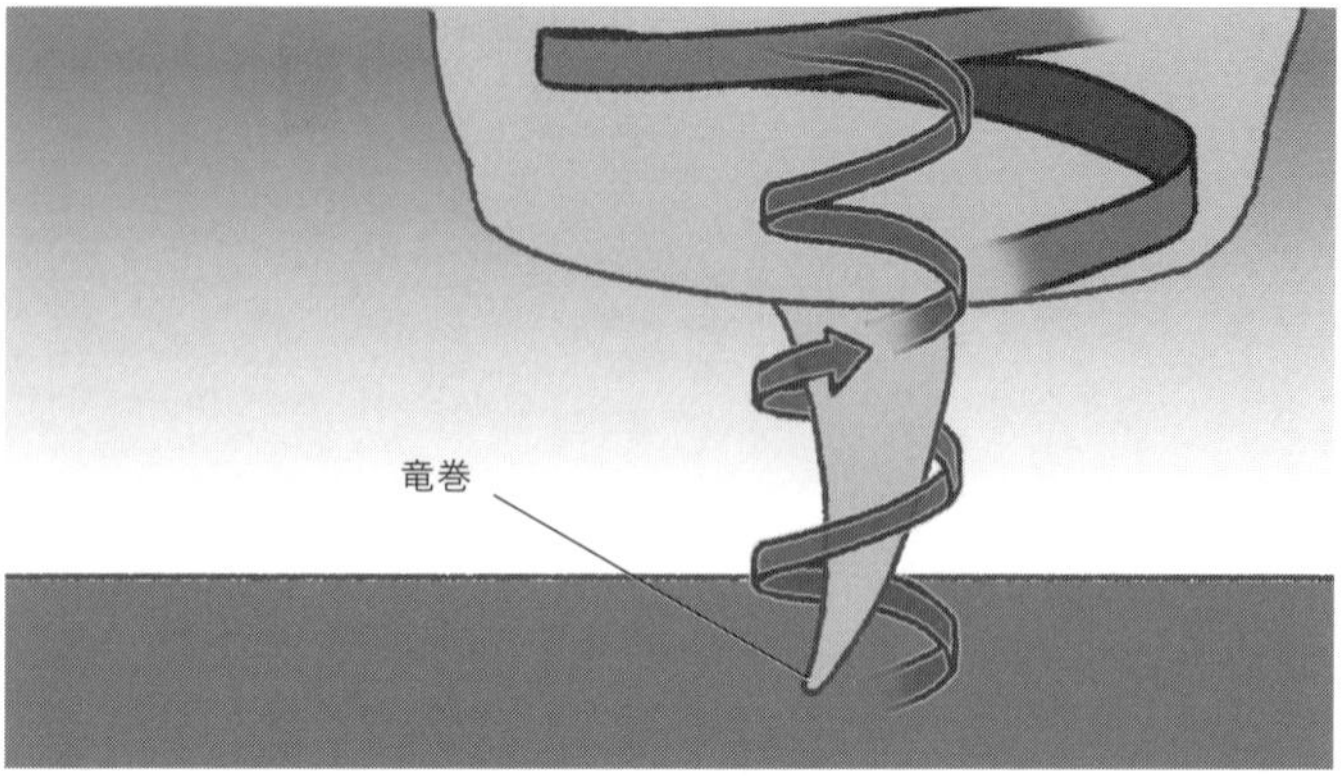

図4-6.　竜巻付近の拡大図

スーパーセルの底から飛びでた円筒状の雲から細長い「ろうと雲」が地上にのび、竜巻の姿が見える。

た「つむじ風」を見たことがあるでしょうか？　たとえば晴れた日に「運動会で校庭のテントが飛ばされているのを見た」ことがあるとしたら、それはつむじ風のしわざです。

つむじ風は一見小さな竜巻のようにも見えますが、竜巻とはことなります。竜巻は上空に積乱雲をともないますが、つむじ風は雲をともなわずに地上だけでおきる現象です。また一般的につむじ風の寿命は短く、風速も弱めですので、竜巻にくらべると被害は小さくすむことが多いです。しかし風速が秒速20メートル程度まで発達することもありますから、注意が必要です。

線状降水帯が「集中豪雨」をもたらす

次に紹介するのは、バケツをひっくりかえしたような大雨が降る「集中豪雨」です。集中豪雨とは、せまい範囲に数時間にわたって100～数百ミリもの大雨が降ることをいいます。

大雨を降らせる原因は、やはり積乱雲です。一つの積乱雲の寿命は1時間程度で、その雨量は数十ミリ程度ですが、積乱雲が同じ場所で発生しつづけると集中豪雨になるのです。

複数の積乱雲が発生しつづけるメカニズムの一つは、「バックビルディング」とよばれる現象です。上空に適度な風の流れがある状況で積乱雲が発生すると、その風に流されるようにして積乱雲は風下へ移動します。発達した積乱雲からは冷たい下降気流が吹きだし、その冷たい空気は地面にぶつかって広がります。こうして広がった冷たい空気は地上の温かい空気を上に押し上げ、となりに新しい積乱雲を生みだすのです。新しく生まれた積乱雲も、上空の風に流されて移動していきます。このようにして次々と積乱雲が生まれ、「積乱雲の列」がつくられることを、バックビルディング現象といいます(図4-7)。

積乱雲の列は長さ数百キロメートルになることもあり、「線状降水帯」とよばれます。これがせまい範囲に集中豪雨をもたらし、災害を引きおこす原因となるのです。記録的な豪雨となった、広島県の平成30年7月豪雨でも、このバックビルディングによって線状降水帯が生じたと考えられています。

近頃の天気予報では、集中豪雨や線状降水帯などとならんで、ゲリラ豪雨あるいはゲリラ雷雨という言葉もよく耳にするようになりました。ゲリラ豪雨は「せまい範囲で局地的に、突然発生する予測のむずかしい大雨」のことですが、その実態は「局地的大雨」とよばれる現象です。

局地的大雨の発生も、積乱雲の発達がカギをにぎっています。第1章で大気の状態が不安定な状況になると、少しの空気の乱れでも積乱雲が急速に発達することがあると説明しました。たとえば海から内陸へ向けて吹く海風が山の斜面を上がったり、一か所に集まったりすることで上昇気流が生まれたとします。すると、そこで積乱雲が急速に発達して局地的大雨となるのです。

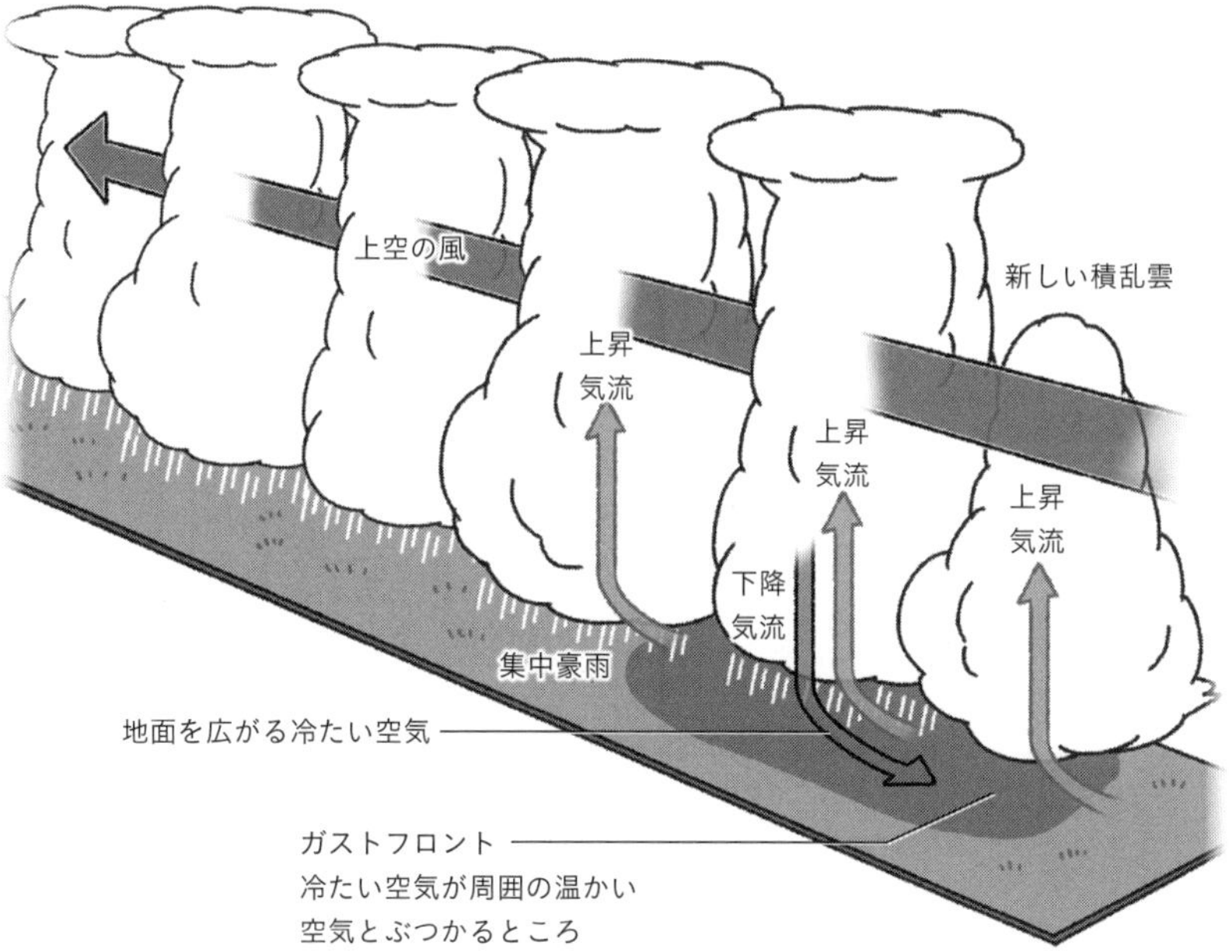

図4-7.　バックビルディング現象

局地的大雨は、とくに都市部では排水が追いつかず、浸水などの被害をもたらす都市型水害の原因となります。

局地的大雨は、その名の通り、比較的小さなサイズの気象現象です。そのため現在の天気予報のモデルでは、局地的大雨を十分に予測できないことがあります。その結果〝ゲリラ的〟に大雨に遭遇してしまうのです。猛暑日が続き、天気予報で

「大気の状態が不安定」と聞いたときは、注意したほうがよいでしょう。

30年に1度の極端な気象「異常気象」

ここ最近「異常気象」という言葉をよく耳にするようになりましたね。気象庁の定義によれば、異常気象とは「ある場所・ある時期において30年に1回以下の頻度で発生する現象」とされています。30年という期間は、およそ「1世代」を指しています。つまり1世代の間に1度あるかどうかという、まれな現象を異常気象とよんでいるのです。

しかし実際にはとても30年に1度とは思えないほど、異常気象という言葉を頻繁に耳にしているでしょう。その理由は、今紹介した定義の中の「ある場所・ある時期において」という点がポイントです。

〃ある場所〃には、たとえば関東といった「地方」、東日本といった「地域」、日本といった「国」など、さまざまな場所があります。また〃ある時期〃には、たとえば1月といった「月」、夏といった「季節」など、複数の時期があります。さらに異常気象には異常高温、異常低温、異常多雨、異常少雨などの複数の〃現象〃があるわけです。

つまり、ある特定の場所・時期で見れば30年に1回のまれな現象であっても、世界全体で見れば毎年たくさんの異常気象が発生している、ということになります。したがって、異常気象といっても印象としては「まれでない」「毎年発生している」と感じられるのです。

ちなみに気象庁の定義では30年に1度の現象ですが、一般には出現頻度にかかわらず、災害をもたらすような気象を異常気象とよぶ場合もあります。報道などではこちらが使われることも多いようです。

また異常に対する「通常」に近い意味をもつ言葉として「平年」がよく使われます。こちらにも定義があり、気象の世界では「30年間の平均値」を意味します。

２０２４年現在、「平年よりも○℃高い」、「平年の○倍の降水量」という数値は、１９９１～２０２０年の各観測値の平均を基準としています。この数値は10年ごとに更新され、２０３１年からは２００１～２０３０年の平均値が使われることになります。

つまりこのまま異常気象があちこちでおこり、夏が全国的にさらに暑くなっていった場合、平年の数字も10年ごとにどんどん上がっていくわけです。「異常が普通になる」ということが、近い将来おきるのかもしれません。

異常気象は、さまざまな要因がからみ合っておきる

記録的な猛暑や大雨といった異常気象はなぜおきるのでしょうか。「地球温暖化の影響では?」と思う方も多いかも知れません。実際に二酸化炭素などの温室効果ガス増加による地球温暖化は、世界中で発生している異常気象の要因の一つだと考えられています。しかし、たとえ異常な高温になったからといって、その原因を地球温暖化のみに求めることはできません。「自然のゆらぎ」が異常気象を引きおこす主な要因の一つだからです。

自然のゆらぎとは、気温や大気の流れ、海流が毎年自然に変動することをさします。このゆらぎが「いつ、どこで、どのような異常気象がおきるのか」という予測を立てることを困難にしているのです。

たとえば夏は暑いですが、その暑さが年によってことなるのは、主にこの自然のゆらぎによるものです。このようなゆらぎがあらわれるのは、地球の気候システムにもともと備わった「カオス」という性質によるものといわれています。カオスは「最初の状態がほんの少しちがうだけで、将来非常に大きなちがいが生まれる」という現象です。気候システムはこのカオスの性質をもつため、気象の長期予報が困難なのです。

たとえば大規模な火山噴火がおきると、地表付近に届く太陽光の量が減ります。また長い目で見れば、地球の自転軸の傾きや公転軌道も変化します。さらに太陽活動の変化も、地球環境に大きな影響をあたえるでしょう。このような変化と自然のゆらぎによって気候は変動し、異常気象がおきます。つまり異常気象は単に地球温暖化のせいというだけではなく、自然におきるものなのです。

確実に進行している地球温暖化

自然におきるものとはいえ、熱波や寒波、干ばつ、豪雨などさまざまな異常気象の発生と、地球温暖化が関係していることは確実です。国連気候変動に関する政府間パネル（IPCC）が2021年に公表した地球温暖化に関する第6次評価報告書によると、地球の表面が温暖化していることは事実であり、それにともなう海面上昇などのさまざまな気候の変化がおきていることが複数のデータから確かめられています。

さらに報告書では「20世紀半ば以降の地球温暖化は、人間活動が主な要因であることに疑う余地はない」と結論づけています。人間活動とは、二酸化炭素などの温室効果ガスの濃度の増加、つまり人間による化石燃料の燃焼です。

産業革命が世界へと広まっていった1870年ごろ、二酸化炭素の大気濃度は278ppmほどでした（1ppmは0.0001%）。しかしその後、二酸化炭素濃度は急増し、2023年には419.3ppmにまで至っています。この間に世

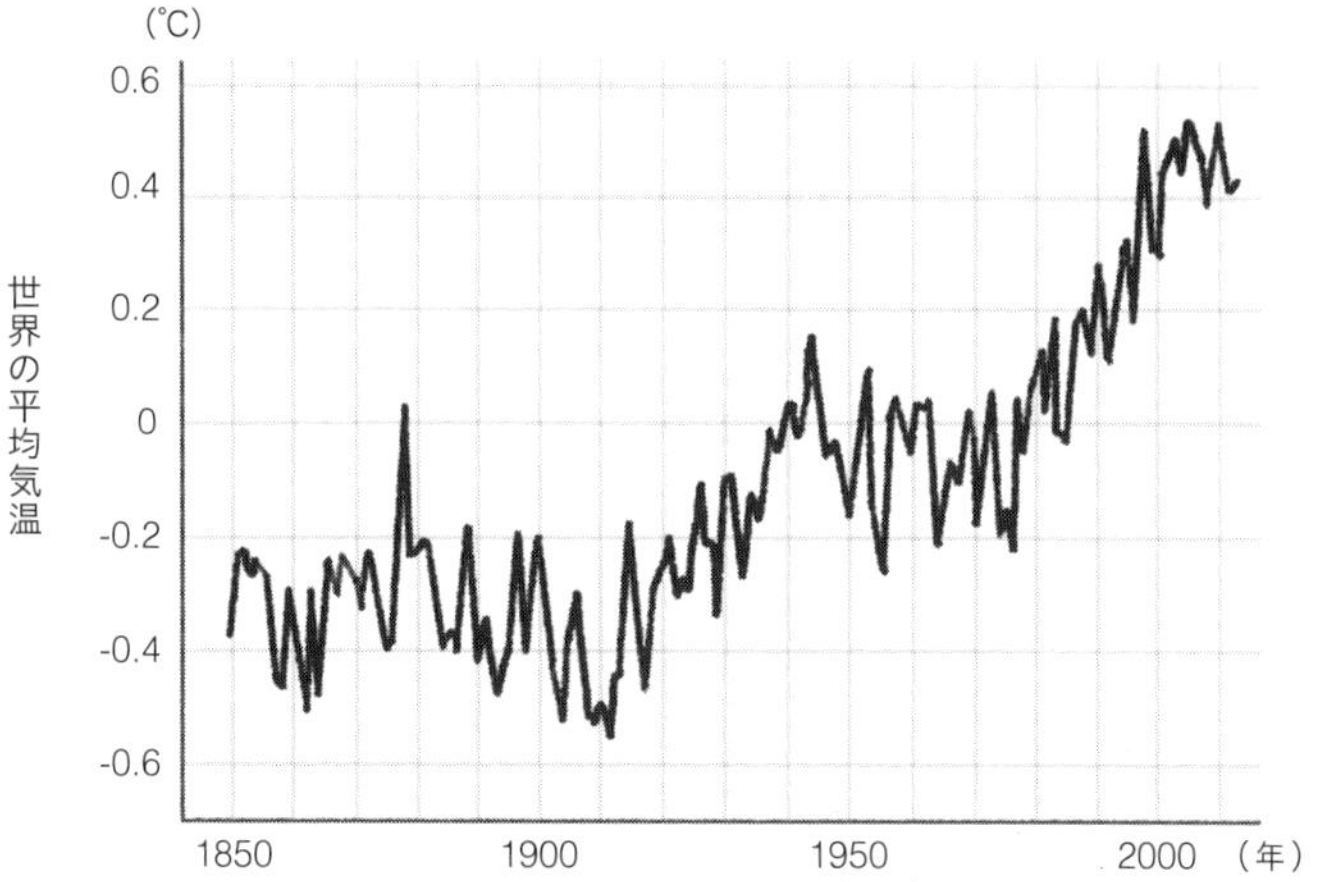

図4-8. 世界の平均地表気温

1870年から現在まで世界の平均地表気温は100年あたり約0.8℃も上昇している。

界の平均地表気温（陸上と海上のすべての平均）は約1・1℃も上昇しています（図4－8）。これは温室効果ガスの増加以外の理由では、説明がつかないのです。

そもそも、なぜ二酸化炭素が増えると地球は温暖化するのでしょうか。

地球は太陽から届けられる光（可視光）によって温められています。このエネルギーを「太陽放射」といいます。しかしこのエネルギーのすべてが地球を温めるのに使われるわけではありません。地球は太陽から届けられたエネルギーの一部を赤外線として、ふたたび宇宙空間へと放射しているのです。

しかし地球の大気には水蒸気や二酸化炭素が含まれています。これらの物質は、地表から放射される赤外線を吸収するという特徴をもっています。赤外線を吸収したこれらの気体分子は、ふたたび赤外線を四方八方に放射します。この再放射によって、地表はさらに温められるのです。赤外線のはたらきで大気が地球を温めるこの現象は「温室効果」とよばれます。

温室効果という言葉に悪い印象をもつ方も少なくないかもしれませんが、悪い面ばかりではありません。この温室効果のおかげで地球の気温は平均で15℃ほどに保たれているのです。

水蒸気と二酸化炭素に加え、一酸化二窒素やメタンといった気体も地球を温めるはたらきをもつため、これらの気体はあわせて「温室効果ガス」とよばれます。もし大気による温室効果がなかった場合、地表の平均温度はマイナス18℃程度になると考えられています（図4－9）。

ところが人類は、18世紀半ばの産業革命以降、石油や石炭などの多くの化石燃料を燃やすことで、大量の二酸化炭素を排出してきました。その結果、大気中の二酸化炭素の濃度は急増の一途をたどり、地球温暖化が進行してしまったので

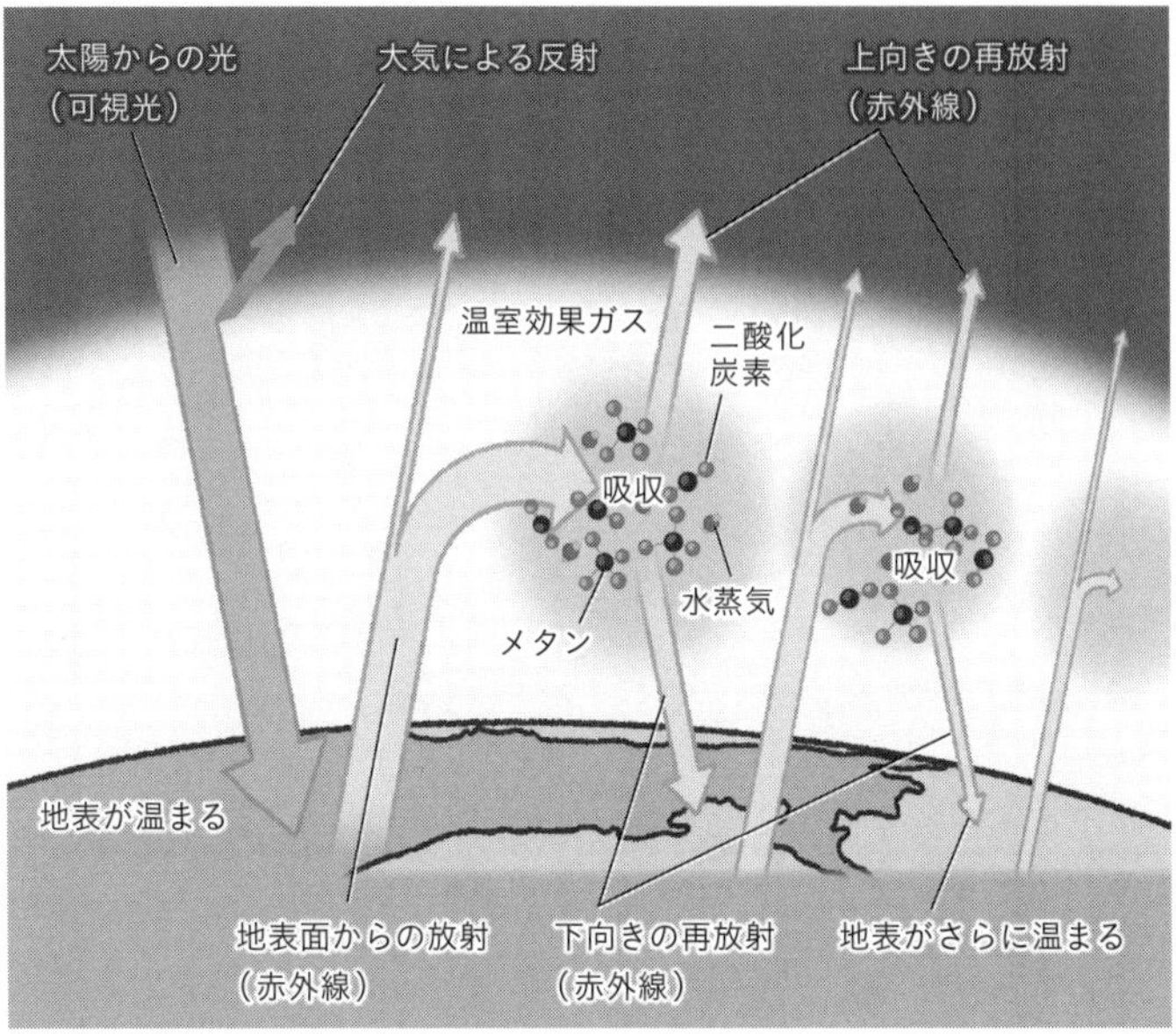

図4-9.　温室効果ガスが地球を温めるしくみ

す。さらに人類は、メタンや一酸化二窒素の大気濃度も急増させています（図4－10）。そのため、温室効果がはたらきすぎている、というわけです。

２０１５年に締結された、新たな地球温暖化対策の枠組みとなる「パリ協定」では、産業革命前の平均気温に対し、今世紀末までに気温上昇を2℃未満、できれば1・5℃未満におさえることが合意されました。

では、気温上昇をおさえるにはどうすればよいのでしょ

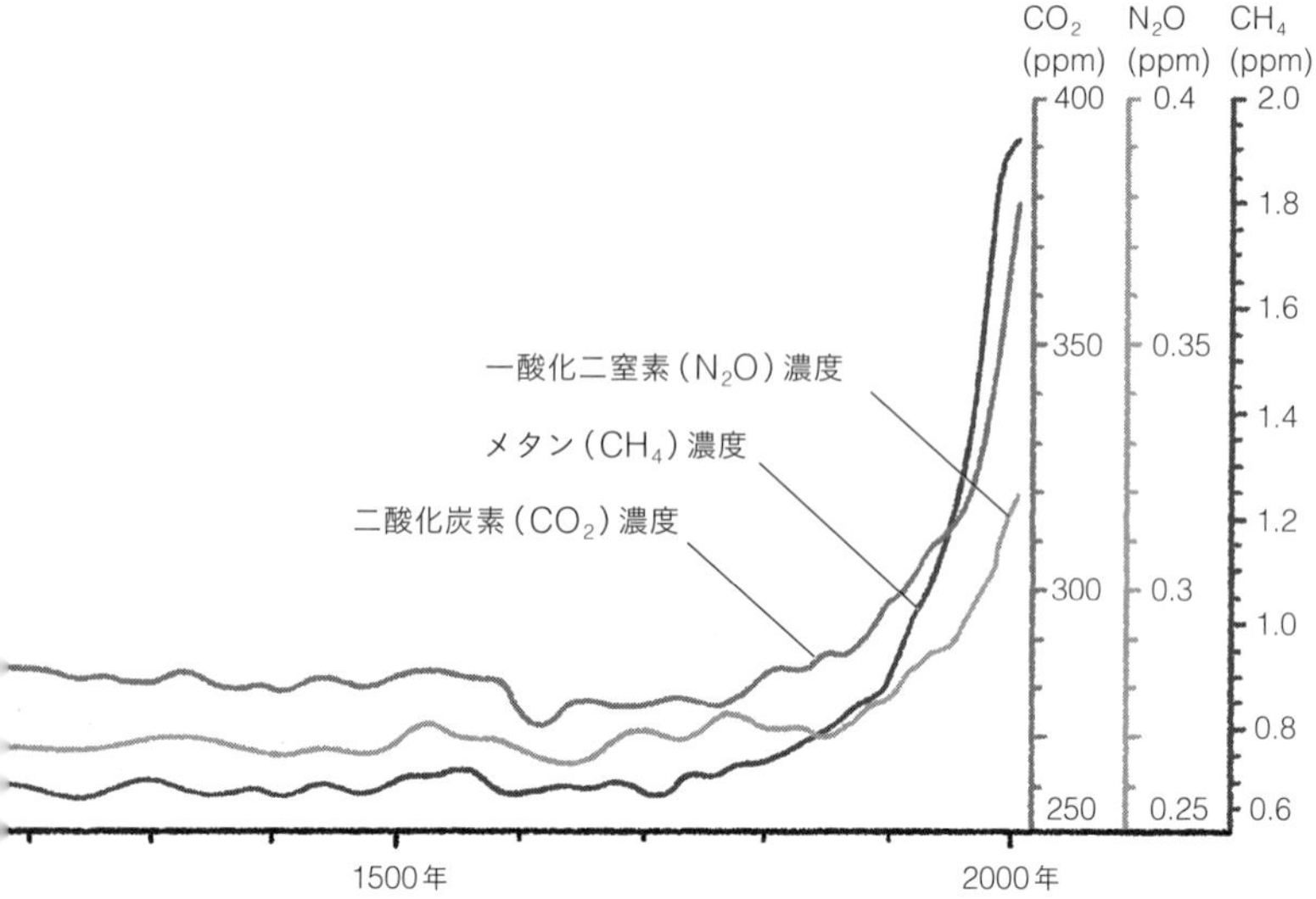

うか。そのためには当たり前ですが、まずは温室効果ガスの排出を減らすことが重要です。エネルギー・経済統計要覧によると、人類は毎年、約330億トンもの二酸化炭素を排出しているといいます。一方で、今世紀末までの気温上昇を2℃未満にするためには、二酸化炭素の排出量を今後、総量で1兆トン程度におさえる必要があります。

これは毎年330億トンのペースで排出をつづければ、30年で目標の上限に達してしまうということです。すなわち一刻

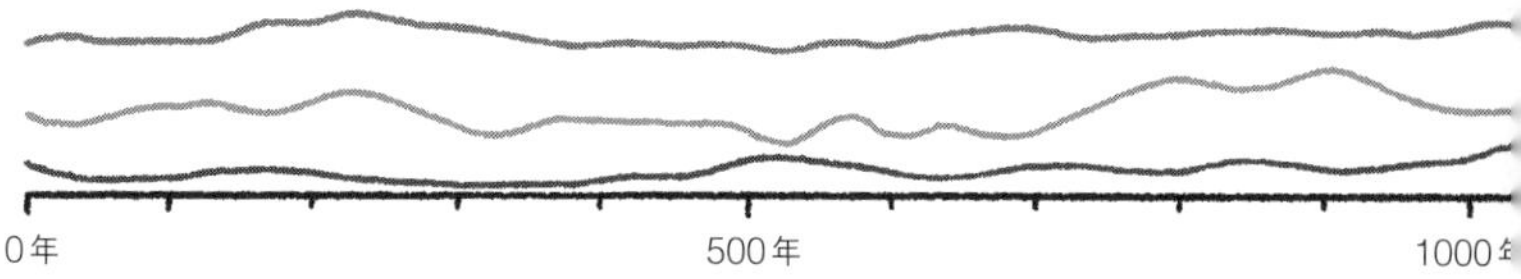

図4-10. 二酸化炭素、メタン、一酸化二窒素の大気濃度の推移をあらわすグラフ

も早く、世界が一丸となって地球温暖化への対策をとる必要があります。

北極の氷が、夏にはすべて溶けてしまう？

このまま温暖化の対策がされない場合、地球には何がおきるのでしょうか。IPCCは、温室効果ガス排出量が将来的に「非常に少ない」「少ない」「中間」「多い」「非常に多い」状況となる五つの排出シナリオを想定し、今後の平均気温の変化などを予測しています。それによると、五つの排出シナリオのいずれでも、2021～2040年の平均気温の上昇が、産業革命前にくらべて1・5℃に達する可能性が50％以上あると予測されています（図4－11）。さらに今後、地球上のほとんどの陸域で猛暑日や熱波が発生する頻度が増えることは、ほぼ確実だと考えられます。

なお地球の温度は各地で均一に上がるわけではなく、とくに北極やロシア、カナダなどの高緯度地域のほうが、温度上昇ははげしいと予想されています。高緯度地域は広い範囲が氷でおおわれています。氷は太陽光を鏡のように反射するため、普段はその地域の温度は上がりづらい特徴があります。しかし温暖化によっ

1950～1900年を基準とした世界平均気温の変化

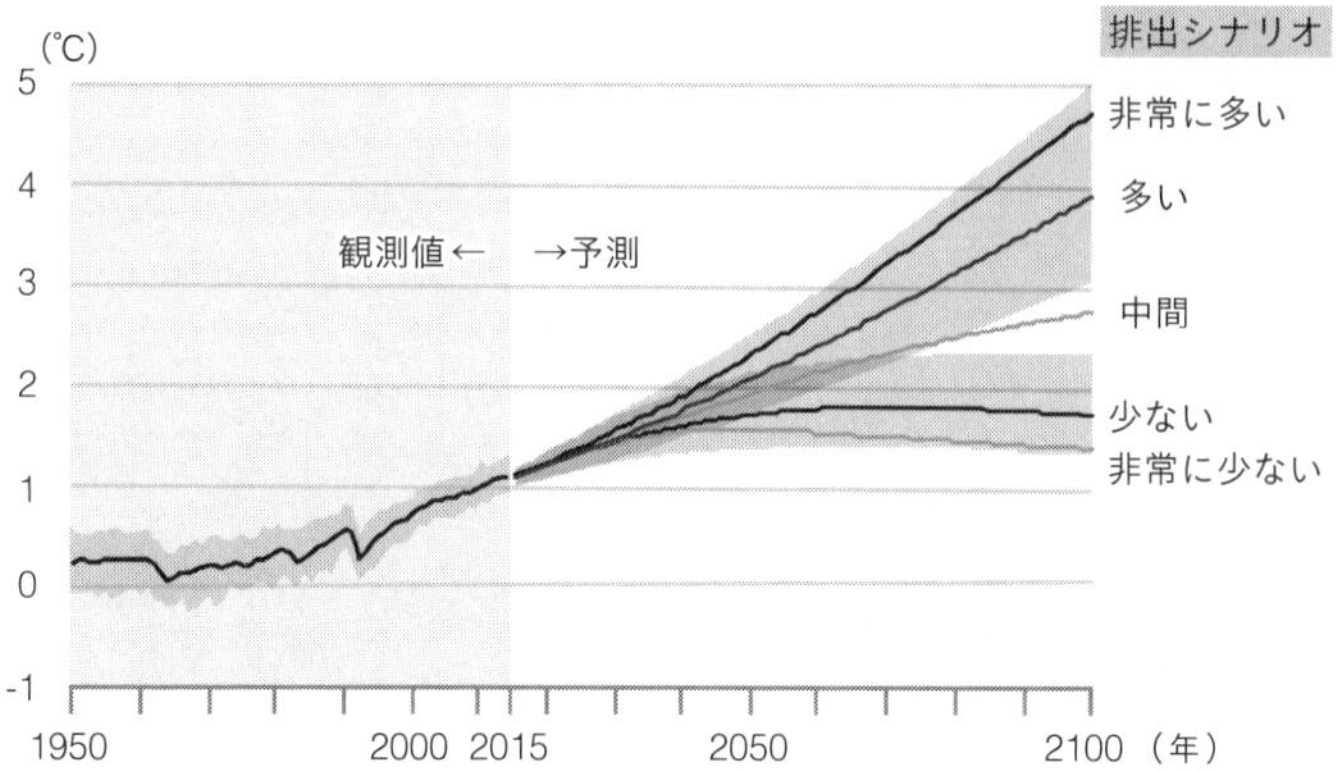

出典：IPCC WGI AR6 Figure SPM.8a

図4-11.　今後、世界はどれほど暑くなるのか？

2021～2040年の平均気温の上昇が、五つのどのシナリオでも50%以上の可能性で1.5℃を超える。

て氷が溶けると、太陽熱を吸収する地表面が露出するため、気温の上昇を招いてしまうのです。

さらにいったん氷が溶けはじめると、その地域の温度が上がりやすくなり、さらに氷が溶け……、という悪循環に陥ることになります。

また温暖化によって海の水温が上がると、海水が膨張するため海面が上昇します。ＩＰＣＣの報告書によると、温室効果ガスの排出量が「少ない」シナリオでも海面水位は０・32～０・62メートル、「非常に多い」シナリオでは０・63～１・01メートル上昇すると予測されています。これにより海抜の低い島々が水没したり、高潮や津波の被害が増大したりすると考えられているのです。

では、北極の氷は今後どのくらいもつのでしょうか。シミュレーションによると、今後温暖化の対策を取らなかった場合、２０５０年頃には北極の氷が夏には完全に消失してしまう可能性があります。つまり温暖化の対策は、一刻を争う急務ということです。

とくに北極の氷は、地球全体の気候に非常に大きな影響を及ぼしています。北極海に浮かぶ氷上の年間平均気温はマイナス30℃ほどです。一方、海水温は０℃までしか下がりません。つまり氷上とくらべると、海水はまるで熱湯のようなものなのです。

氷上よりも相対的に温度の高い海水面が露出すると、その上にある大気の温度も上昇することになります。その結果、上空の気圧が変化し、風の流れが大きく変化します。すると、全地球規模で気候が変わる可能性が生じるのです。

さらに温暖化は、降水量にも影響をあたえます。気温が上がると大気中に存在できる水蒸気量が増加します。すると雲の発達が進み、地球全体で見ると降水量

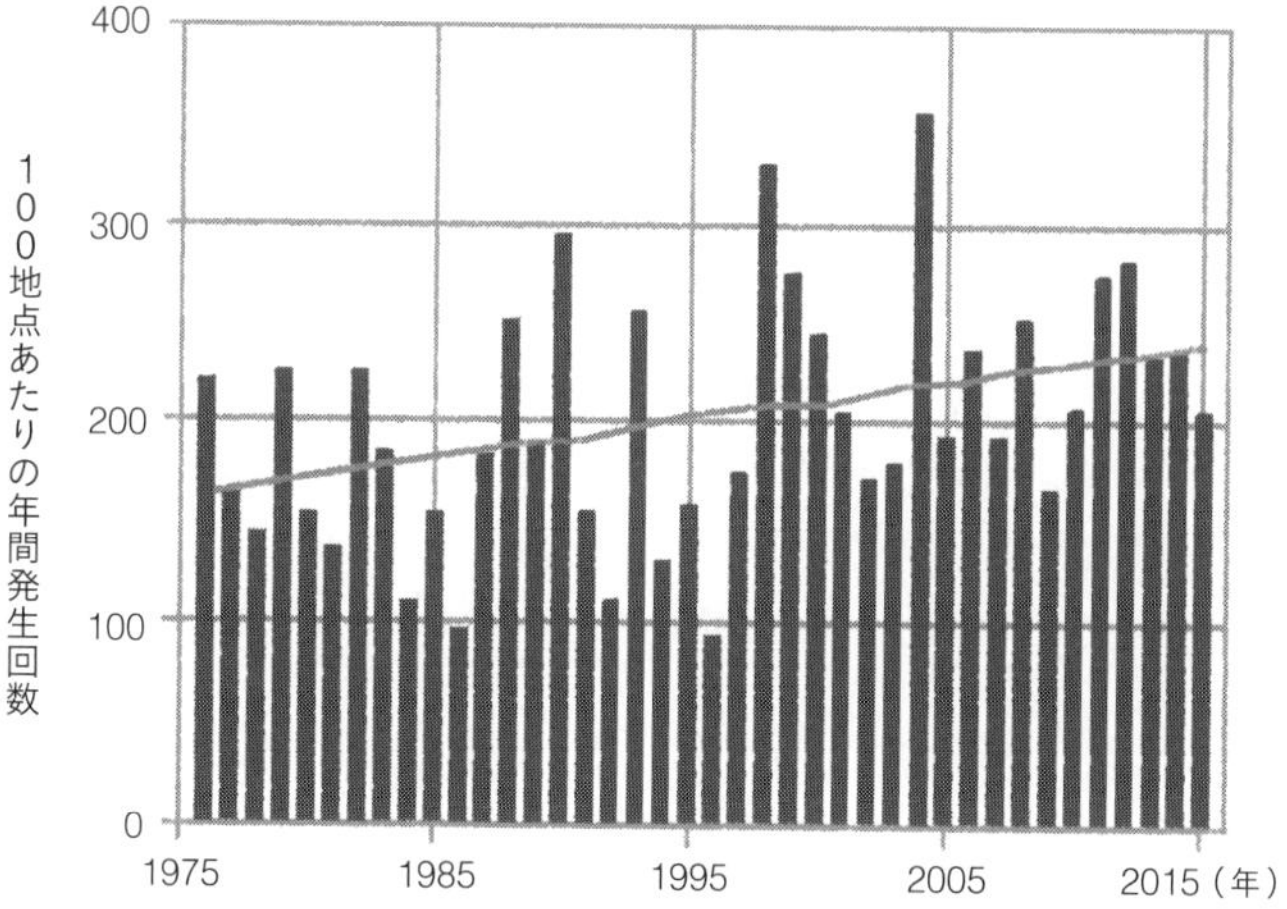

図4-12.　1時間の降水量が50ミリ以上の大雨の年間発生回数

が増えることになります。また、単に雨の量が増えるだけでなく、集中豪雨やゲリラ豪雨の発生も増えそうです。すでに日本でも、強い雨が増加しつつあります。

図4－12は1日の降水量が50ミリ以上の大雨について、全国にある気象庁アメダスの1975年から2015年までの記録をもとに、年間の発生回数を集計したものです。灰色の線はこの期間における長期的な傾向をあらわしています。この線が右肩上がりで、大雨の発生回数が徐々に増加していることがこのグラフから

わかります。

ただし、全体として雨の量が増えているというわけではありません。大雨が降る回数が増える一方で、まったく雨が降らない日も多くなったという結果も出ています。つまり近年は雨が異常に多いか、もしくは異常に少ないか、両極端となる傾向が強くなってきているのです。地域的に見ると、あるところで局所的に雨が降ることで、これまで雨が降っていた場所では雨が降らなくなり、干ばつに陥る可能性もあります。降水量の地域差が大きくなっている、ということです。

ロシアを熱波がおそった原因は「偏西風の蛇行」

ここからは、異常気象を引きおこす地球温暖化以外の要因を見ていきましょう。まずは「偏西風の蛇行」です。偏西風は日本やアメリカといった中緯度帯の上空を、つね

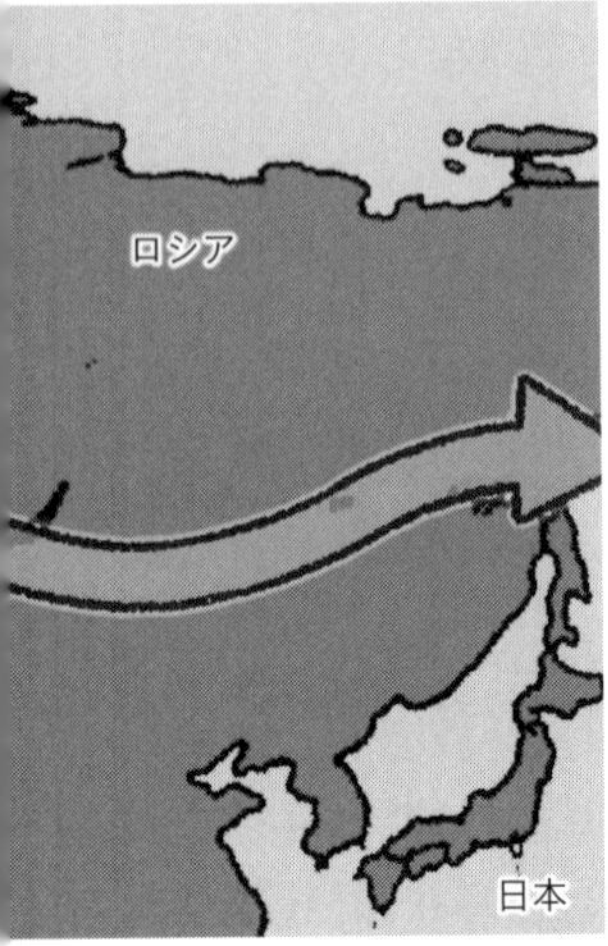

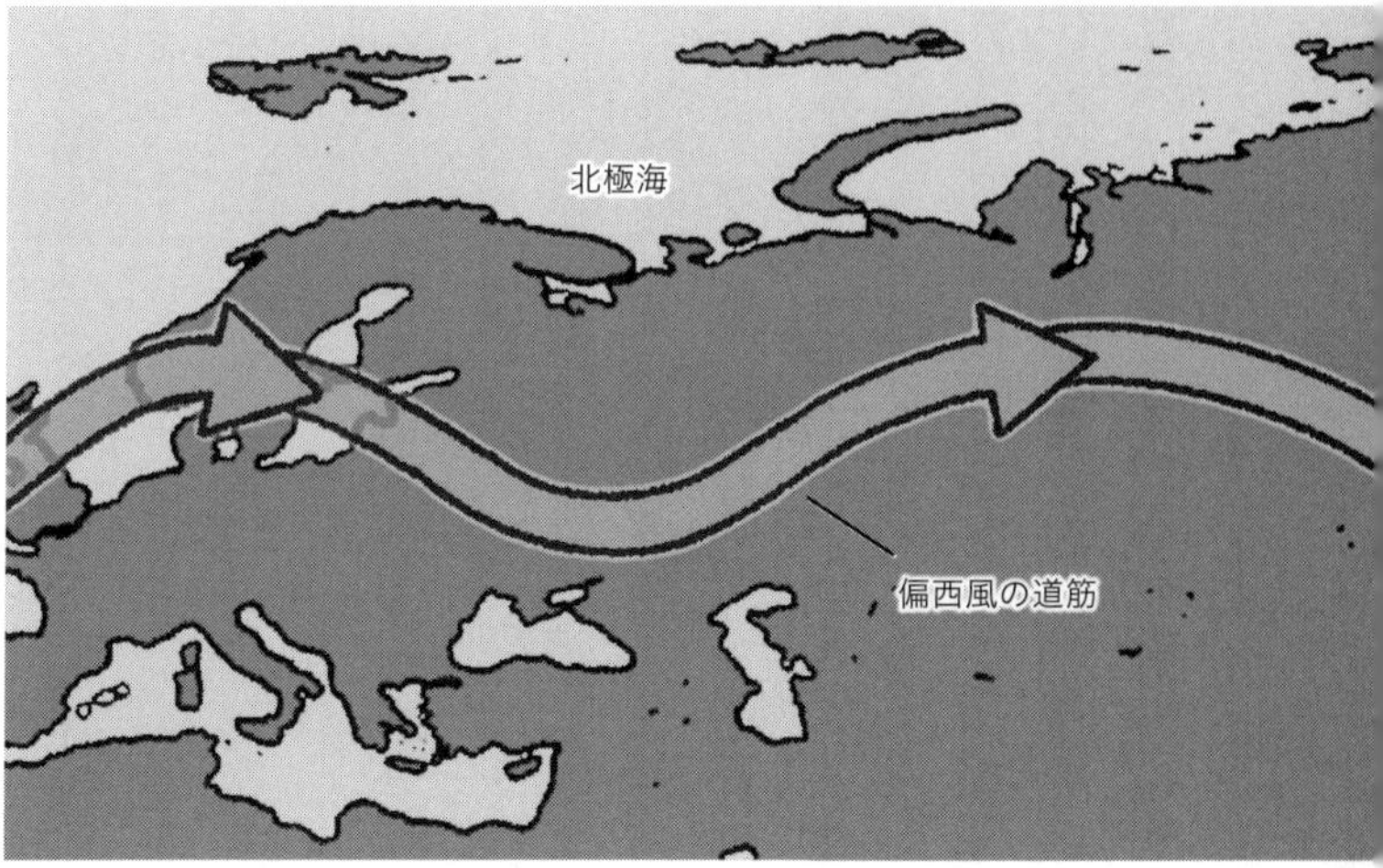

図4-13.　偏西風の通常の状態

偏西風は中緯度帯上空を南北に波打ち、方向や風速が変わるという変化をくりかえしている。

に西から東に向かって吹く風です。

２０１０年８月、偏西風の蛇行が原因で、ロシアは観測史上最も暑い夏をむかえました。ロシアの首都モスクワでは連日35℃をこえるなど、平年より７℃も高い状態が２か月もつづき、多くの熱中症患者や干ばつ、森林火災が発生しました。この熱波による死者は１万５０００人に達し、被害総額は１兆３０００億円をこえたといいます。

いったいなぜ偏西風の蛇行が、これほどまでの異常気象につながるのでしょうか。偏西風は普段、中緯度帯上空を南北に波打ち、つねに変化しながら流れています。雲はこの流れに乗って移動しますが、その流れはつねに同じではなく、方向が変わったり風速が変わったり、という変化をくりかえしています。この変化で温かい空気と冷たい空気が混ざり、中緯度域は適度な温度が保たれるというのが通常の状態です（図4－13）。

しかし偏西風の波の振れ幅が大きくなり、その状態が固定化されることがまれにおこります。固定化されると、風そのものは流れていますが、偏西風の道筋は止まった状態になります。

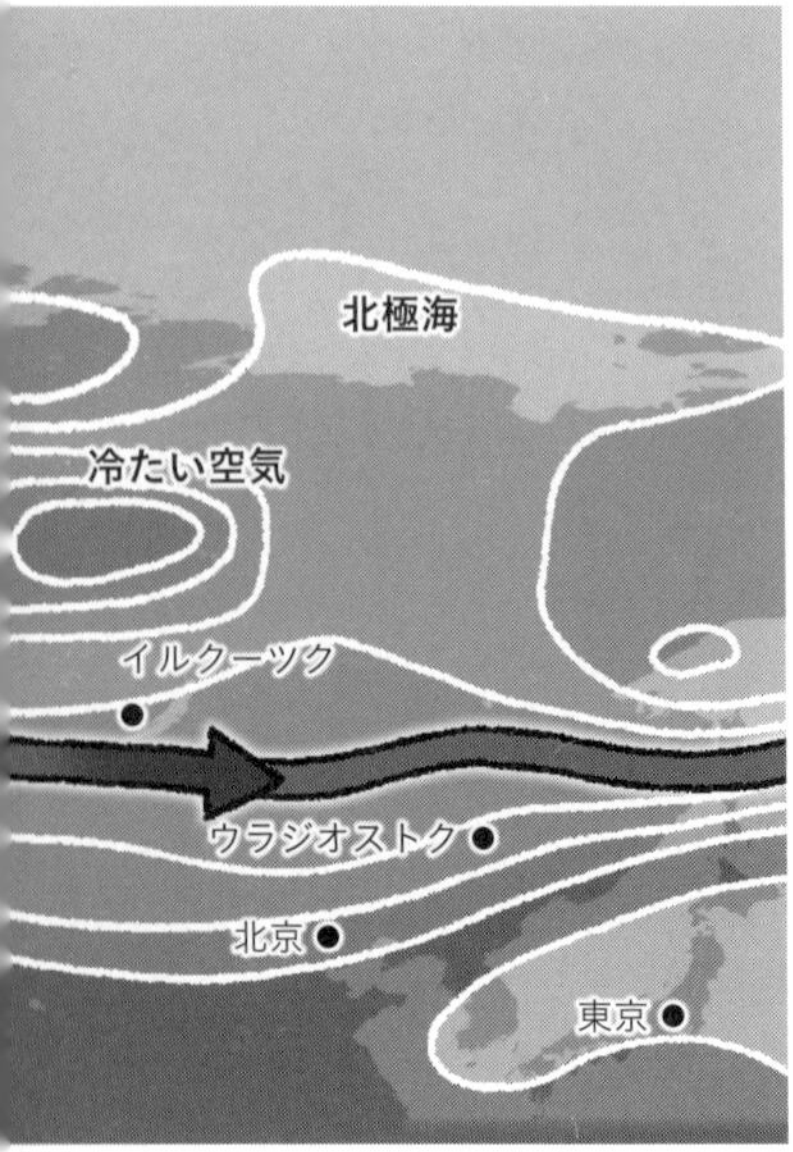

すると偏西風の通り道が「壁」のようなはたらきをして、温かい空気と冷たい空気が混ざることをブロックしてしまうのです。

偏西風の南側には、赤道付近から温かい空気が流

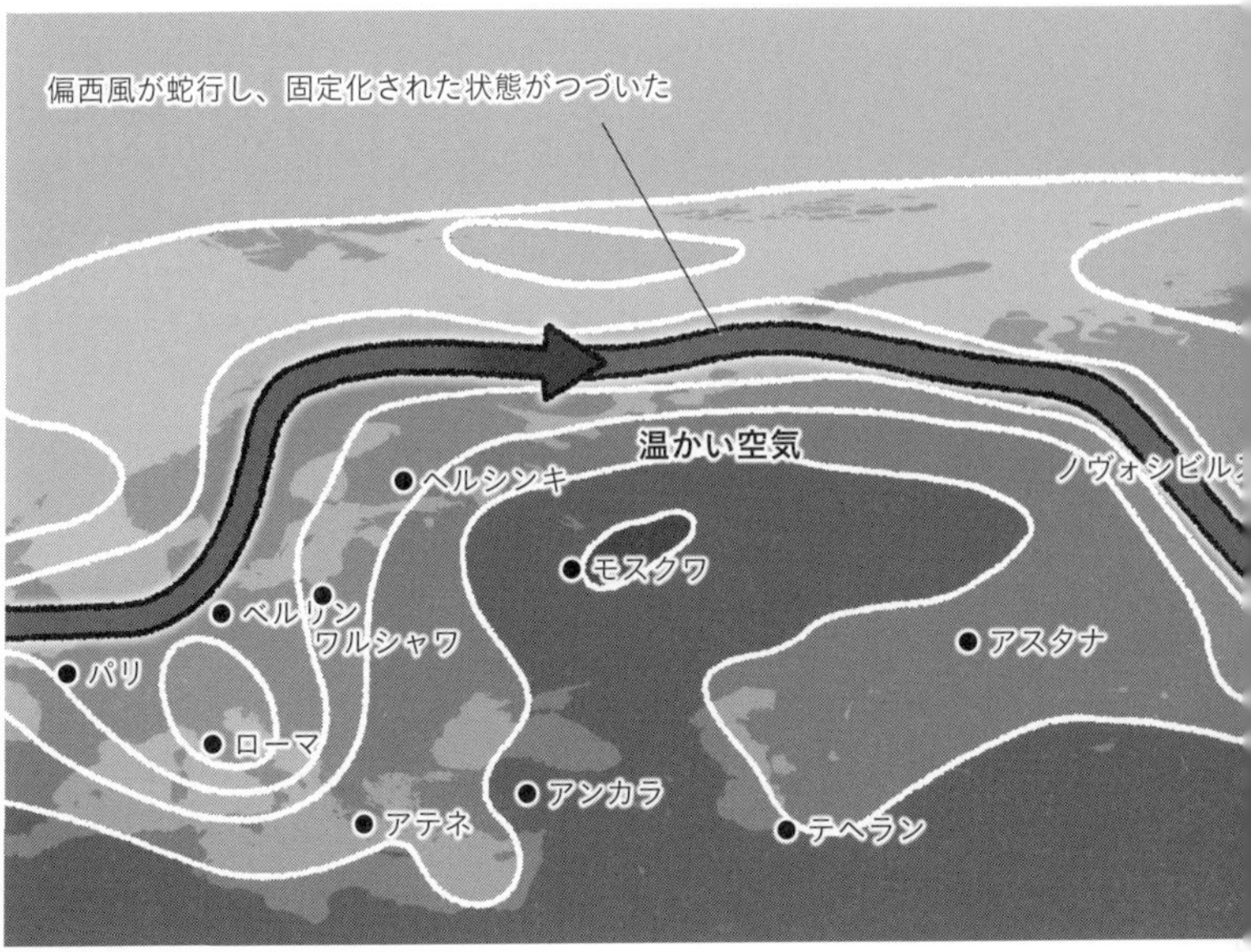

図4-14.　ブロッキング現象

偏西風が長期間固定化されると、暖かい空気と冷たい空気が混ざり合わないため暑い場所はより暑く、寒い場所はより寒くなるという現象がおきる。

れこんでいます。一方北側は、極側から冷たい空気が流れこみます。偏西風が固定され長期間にわたってこの作用がつづくと、両者が混ざり合わないため暑いところはさらに暑く、寒いところはさらに寒くなるという現象がおきるのです。これを「ブロッキング現象」といいます。

２０１０年夏の中緯度域では、ヨーロッパ東部からロシア西部の地域で偏西風が北極寄りに大きく波打ちました。このため、偏西風の通り道の南側に位置したモスクワで、気温が大きく上昇したのです（図4−14）。

　またブロッキング現象は、地球温暖化とも関係しています。偏西風と温暖化は、たがいにからみ合っているのです。たとえば北極圏では、寒帯ジェット気流とよばれる偏西風が、北極を取り巻くようにつねに吹いています。地球温暖化によって北極の海氷が少なくなると、その上空の気圧が変化します。するとその影響でジェット気流が大きく蛇行し、ブロッキング現象がおこる可能性が高まるのです。

　これは日本にも影響がおよぶことがあります。しかしながら、北極の海氷と偏西風や温暖化、異常気象の関係についてはまだ不明な点も多く、さらなる研究を行う必要があるといえるでしょう。

世界の気象を変える「エルニーニョ現象」

異常気象を引きおこす原因で、もう一つ大きなものをあげておきましょう。2015年秋から2016年春にかけて、世界各地で異常な高温が発生しました。日本も例外ではなく、近年例を見ないほどの暖冬になりました。この暖冬の原因の一つが「エルニーニョ現象」だと考えられています。エルニーニョ現象とは、およそ4〜5年に一度、東太平洋の赤道付近の海水温が広い範囲にわたって上昇する現象です。エルニーニョ現象が発生すると、世界規模で異常気象がおきやすくなります（図4−15）。

この現象は地球温暖化によって引きおこされているわけではなく、古くからおきているごく自然な現象です。通常、太平洋の赤道付近では東から西向きにつねに貿易風が吹いており、海の表層にある温かい海水は西側にたまっています（図4−16）。

しかし4〜5年に一度、西向きの貿易風が弱まり、いつもは西に追いやられて

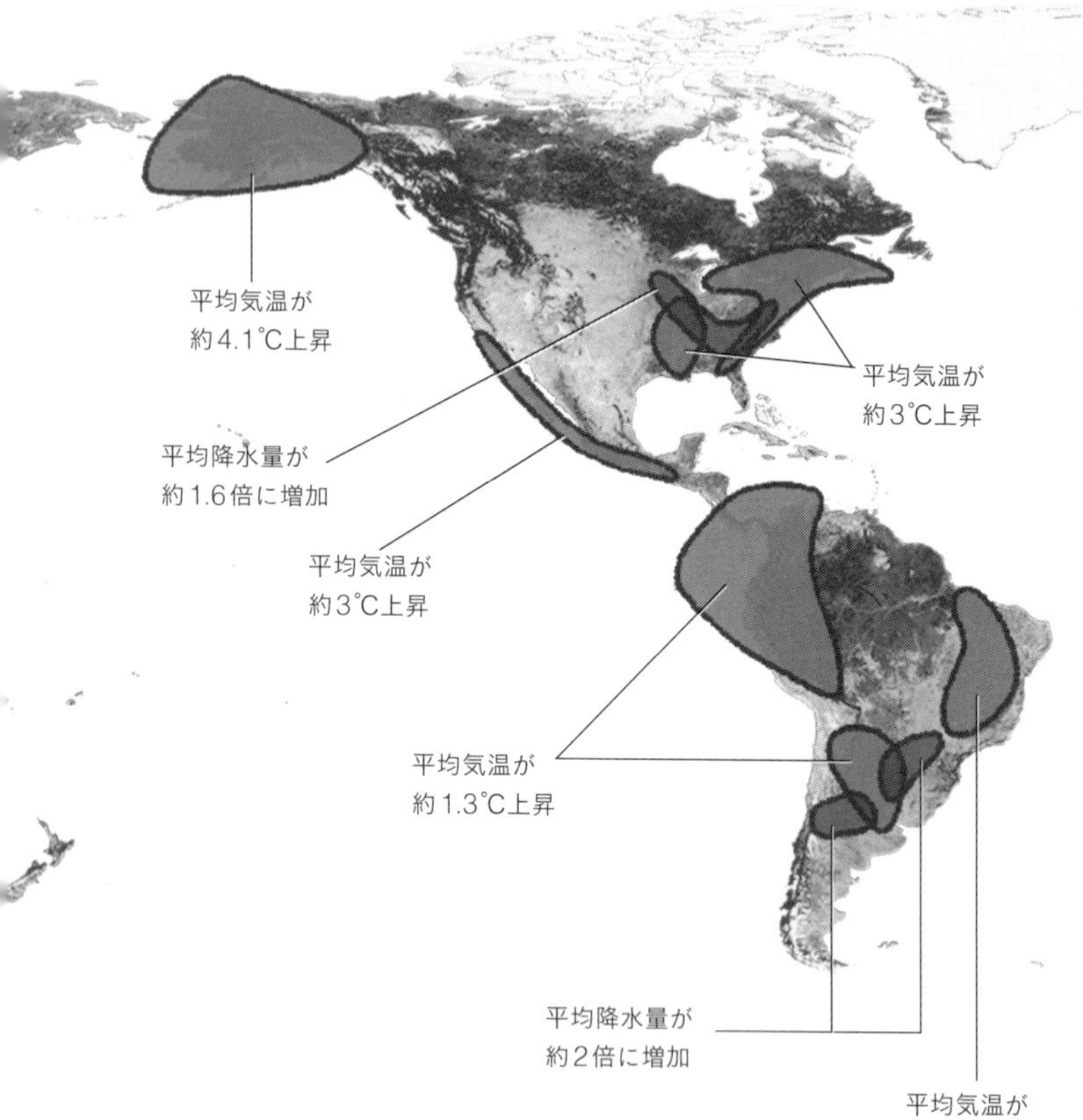

2015年12月～2016年2月の期間の主な異常気象（出典：気象庁）

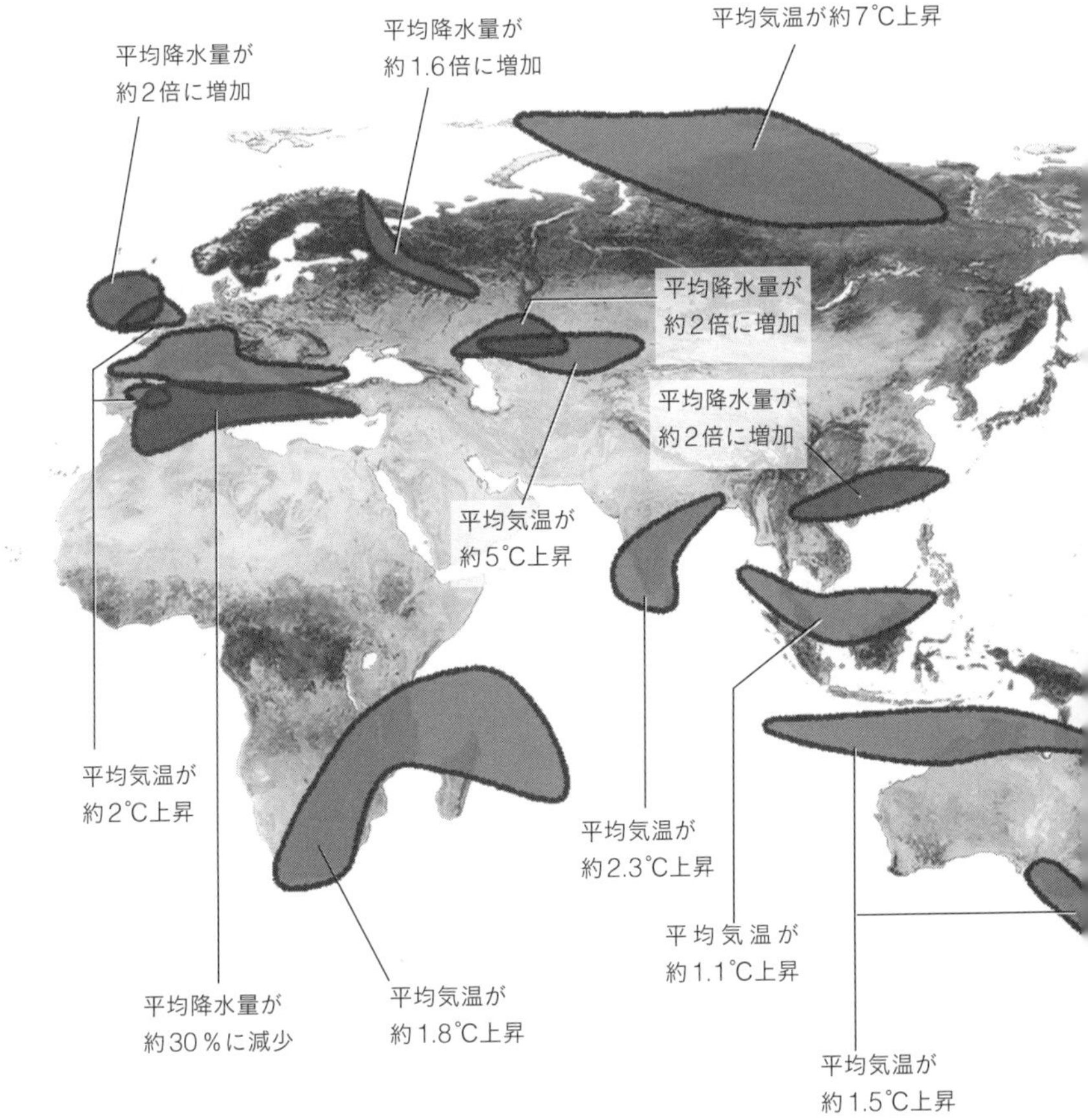

図4-15. 2015年12月から2016年2月にかけて発生した主な異常気象

世界のさまざまな地域でこの冬の平均気温は平年より高く、異常高温となる月が多かった。この異常高温にはエルニーニョ現象が大きくかかわっていたと考えられている。

いる温かい海水が東側に流れこむことがあります。すると東側の海水温が1～5℃も上昇します。これがエルニーニョ現象です（図4－17）。

それにしても、なぜ海の温かい領域が移動しただけで、世界規模の影響が出るのでしょうか。温かい海水はさかんに蒸発し、その上の空気が温まって上昇気流が発生します。そのためエルニーニョ現象がおきると、普段は西側にある低気圧も、温かい海水とともに東に移ってくることになります。つまり、赤道付近の低気圧の位置が変わってしまうのです。

天候を左右する低気圧や高気圧は、世界各地でたがいに影響をおよぼし合っています。ですからエルニーニョ現象による太平洋上の低気圧の位置の変化は、連鎖的に世界中の大気の状態を変えてしまうのです。

エルニーニョ現象は貿易風が弱まることで、東太平洋の赤道付近の海水温が上昇する現象です。一方で、普段よりも貿易風が強まり、この領域の海水温度が通常時より下がることもあります。これを「ラニーニャ現象」といいます。この現象も異常気象の原因となります。

エルニーニョ現象やラニーニャ現象は地球温暖化との関連も指摘されていま

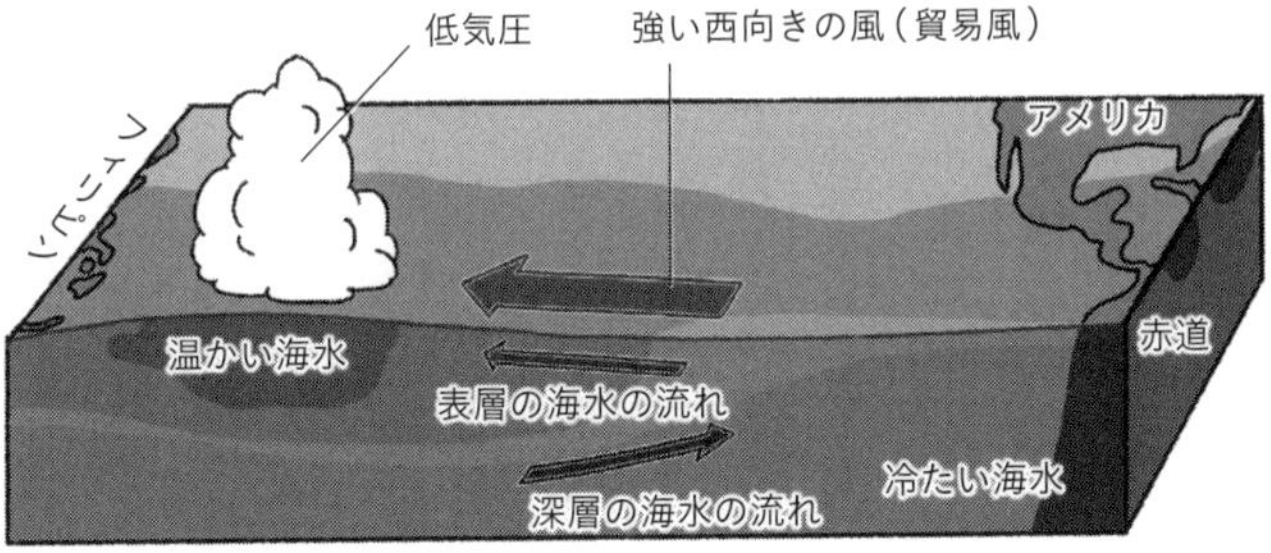

図4-16.　太平洋の赤道付近の「通常の状態」

東から西向きにつねに貿易風が吹き、海の表層にある温かい海水は西側にたまる。

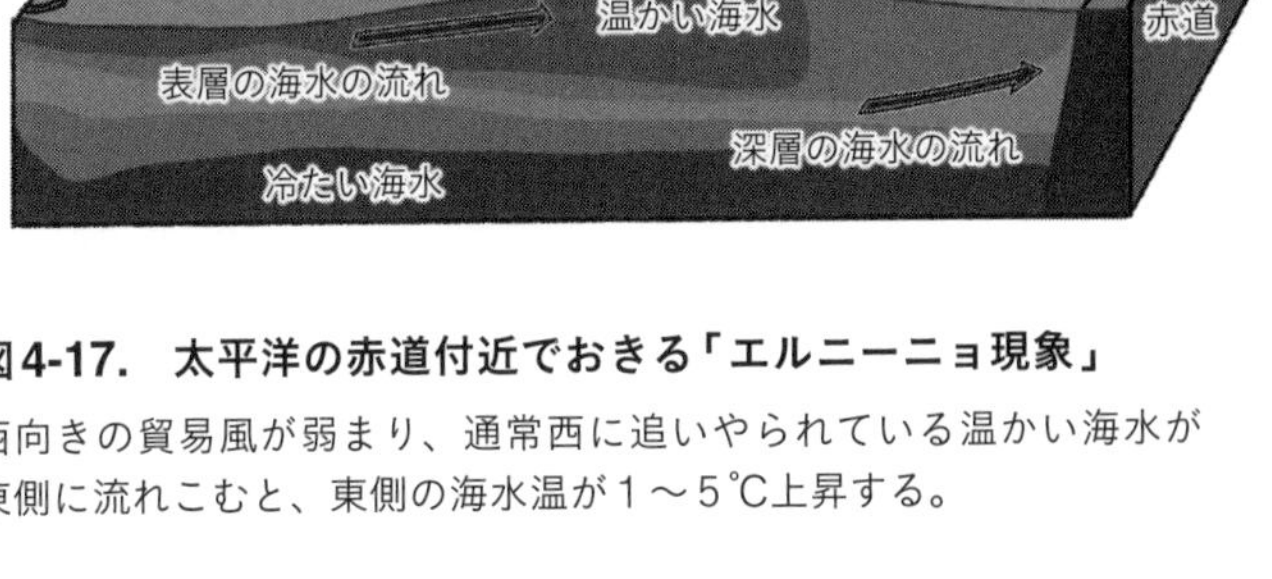

図4-17.　太平洋の赤道付近でおきる「エルニーニョ現象」

西向きの貿易風が弱まり、通常西に追いやられている温かい海水が東側に流れこむと、東側の海水温が１～５℃上昇する。

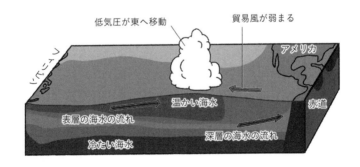

す。たとえば地球温暖化が進行するとエルニーニョ現象が強められ、日本やアメリカ大陸では豪雨が多発する可能性がある、という研究結果が2014年に発表されています。つまり、これらの現象も地球温暖化が影響しているわけです。

ただし、100年規模の長期的な気候変動である地球温暖化と、数年規模でおきるエルニーニョ現象がどのようにかかわっているのかについては、まだ不明な点も多いため、今後も研究をつづけていく必要があります。

第5章

天気予報はどうやってつくられるのか？

陸、海、空、宇宙から大気を観測

毎日の生活に欠かせない天気予報は、どのように作成され、私たちのもとに届くのでしょう。最終章では「天気予報の基本」を紹介します。

人類は古くから、天気を予想しようとしてきました。そのため天気にまつわる言い伝えは、各地に数かぎりなく存在しています。たとえば「夕焼けの次の日は晴れ」という言い伝えがあります。これは西の空に雲がなく夕焼けがよく見えると、その翌日も晴れるというものです。しかし当然ながら、このような言い伝えは必ずあたるというものではありません。

では、テレビで放送している精度の高い天気予報は、いったいどのように予測をしているのでしょうか。天気は、大気や水のふるまいによって変化します。ですから天気の変化を予測するには、気温や気圧、水蒸気の量などの大気の状態を知る必要があります。さらに、地上の情報だけでは足りません。私たちが住む地表は「大気の底」であり、天気の変化を引きおこす重要な原因は上空にあります。

つまり天気予報には、地表から上空までの大気を立体的に把握することが欠かせないのです。

観測機器が今よりとぼしい時代、上空の大気のようすは、雲の変化や地上の気圧の変化などから間接的に推測していました。しかし1930年代に、気球に観測機を吊るして上空に放つ「ゾンデ」を使った高層の気象観測がはじまりました（図5－1）。現在でも世界各国で1日に2回、決まった時間にゾンデによる観測が行われています。

さらに現代では、ゾンデのほかにもさまざまな観測機器を使って気圧、気温、風向風速、水蒸気量などの大気の状態を「対流圏（地表からおよそ8～16キロメートル上空まで）」よりさらに高い領域までとらえています。

具体的に、どのような観測方法や機器があるのか簡単に紹介しましょう。まず地上では気象台や自動観測装置が、その地点の気象を直接観測しています。「アメダス」という名称を耳にしたことはありませんか。これは「Automated Meteorological Data Acquisition System（地域気象観測システム）」の略です。アメダス観測所は、日本国内の約

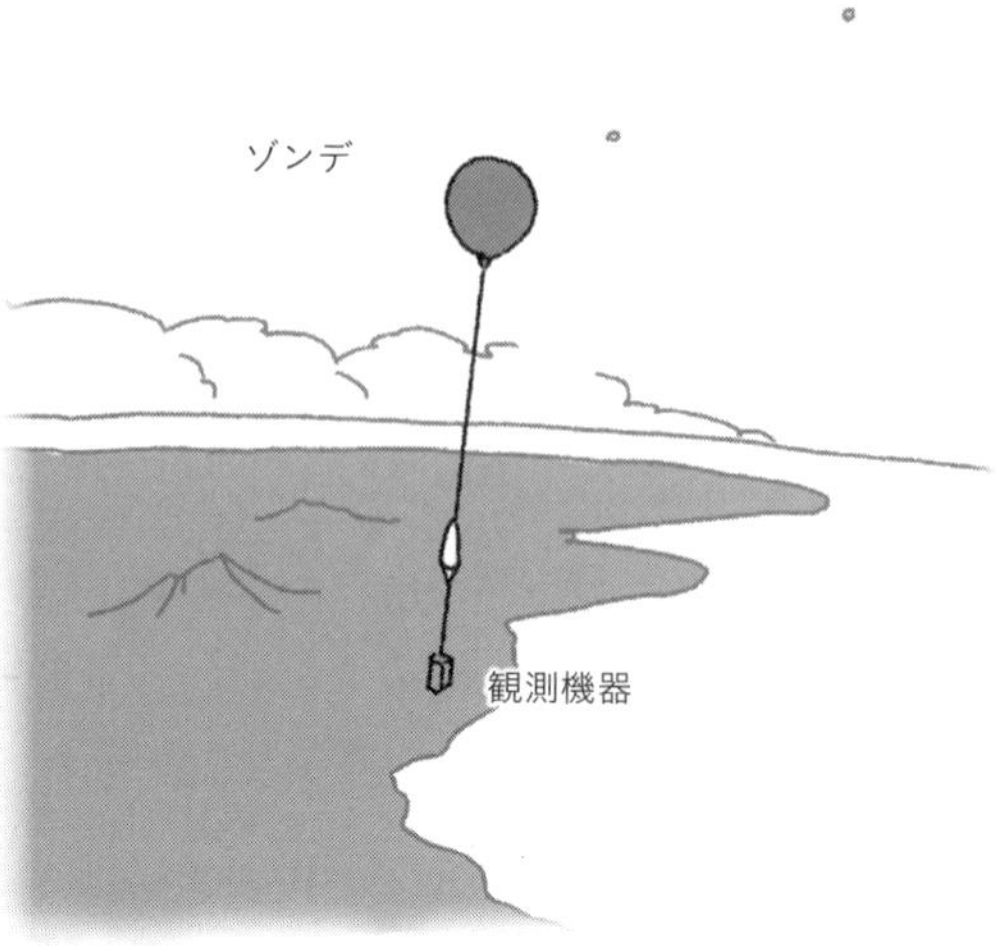

図5-1.　ゾンデ

気球に観測機を吊るして上空に放ち、高層大気を観測する。

850か所に設置されています。雨量だけでなく、その地点の風向、風速、気温、日照時間なども観測します。さらに雪の多い地方の約320か所のアメダスでは、積雪の深さも観測しています（図5－2）。雨量だけを測る地点を加えれば、観測地点は約1300か所にもなります。

アメダスは地上の気象を観測するシステムです。一方、上空の大気は「気象レーダー」や「ウィンドプロファイラ」が地上から観測しています。

気象レーダーは、周囲約数百キロメートルという広範囲の雨雲や雪雲を観測する装置です。電波を上空に出

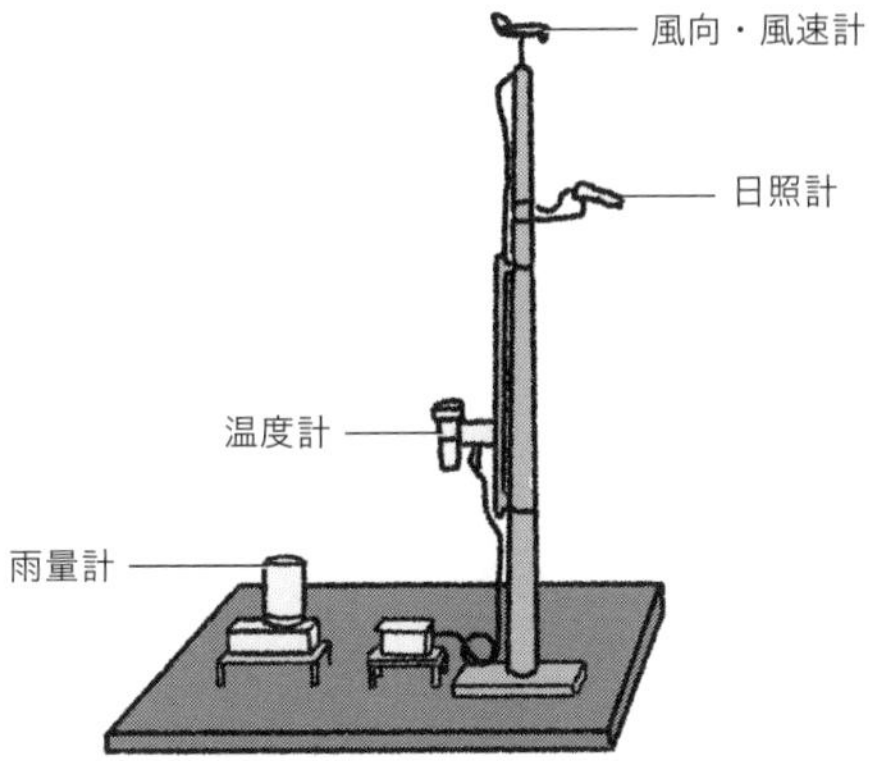

図5-2.　地域気象観測システム「アメダス」

雨量だけでなく、その地点の風向、風速、気温、日照時間、さらに雪の多い地方では積雪の深さも観測している。

し、雨や雪で反射したマイクロ波を観測することで、降水強度や降水域内の風の分布を知ることができます（図5−3）。

ウィンドプロファイラは、風に電波をあてて観測する装置です。電波を上空に発射し、大気の乱れや雨粒で散乱されてもどってきた電波から、風の動きを知ります。全国に33か所設置されています（図5−4）。

また地上だけでなく海上でも、船やブイを使って気象観測を行っています。さらに上空では、「気象衛星」や「航空機」も気象観測を行っているのです（図5−5）。気象衛星はアメリカ、

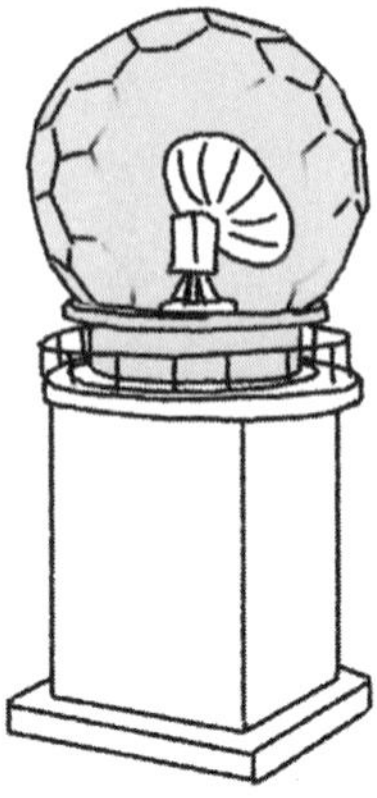

図5-3.　気象レーダー

周囲約数百キロメートルの雨雲や雪雲を観測。降水強度や降水域内の風の分布も知ることができる。

ヨーロッパ、日本、中国、インドが国際協力のもと運用しています。

気象衛星による観測は、海上の観測不足をおぎなう役目があります。なかでも気象衛星「ひまわり」は、地球の自転と同じ周期で地球をまわる静止衛星で、ほぼリアルタイムで日本上空の雲の位置などを把握できます。天気予報は、こんなにもたくさんのデータで予測されているのです。

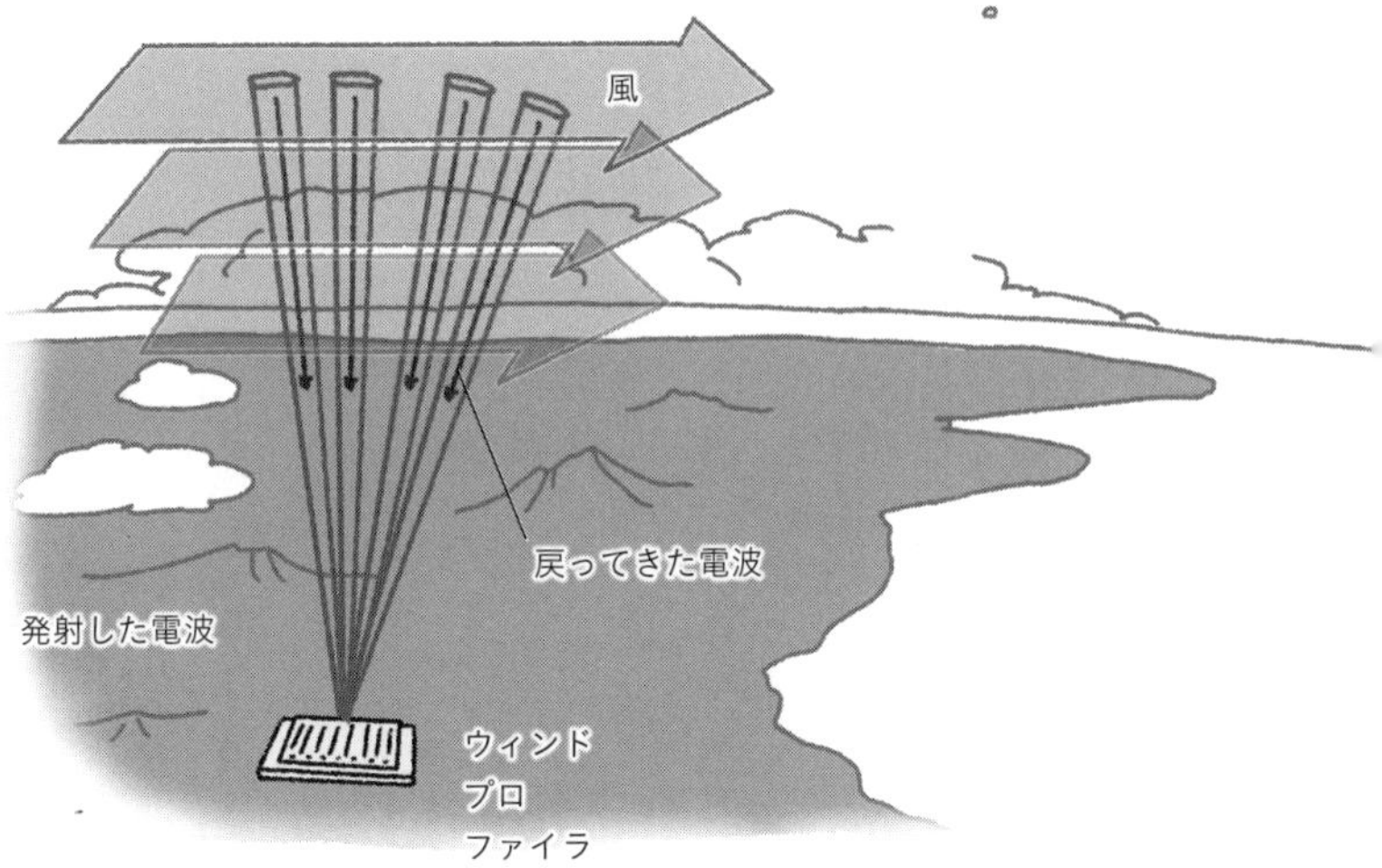

図5-4.　ウィンドプロファイラ

電波を上空に発射し、大気の乱れや雨粒で散乱されてもどってきた電波から風の動きを知る。

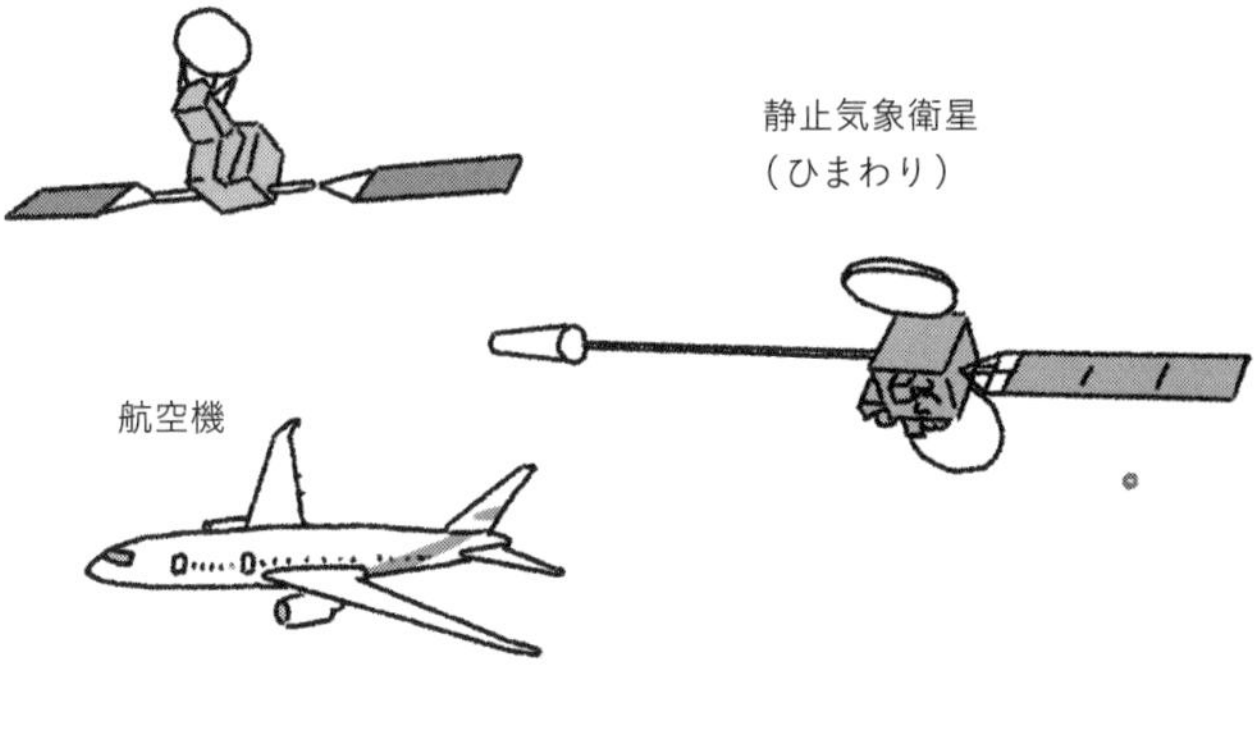

図5-5.　気象観測を行う衛星や航空機

スーパーコンピューターで、地球の大気をシミュレーション

さまざまな観測機器から得た大気の情報から、いったいどのようにして天気予報がつくられるのでしょう。現代の天気予報は「スーパーコンピューター（スパコン）」が膨大な計算をしてはじきだした「数値予報」を土台としています。気象庁の予報官や民間の気象予報士は、コンピューターが出した数値予報の結果をもとに、地域ごとの特性などを考慮して精度を高めた天気予報を作成します。そしてその予報が、最終的に私たちのもとに届けられるのです。

数値予報ではまず、コンピューター上に仮想の地球と大気を設定します。その大気を細かな格子に区切り、それぞれの格子に温度や湿度といった大気の状態をあらわす値を割りあてていくのです。そして温度や湿度などの値が各格子でどのように時間変化するのか、つまり地球全体の気象がどのように変化するのかを、物理法則に基づいた予報のプログラムを用いて計算します（図5－6）。

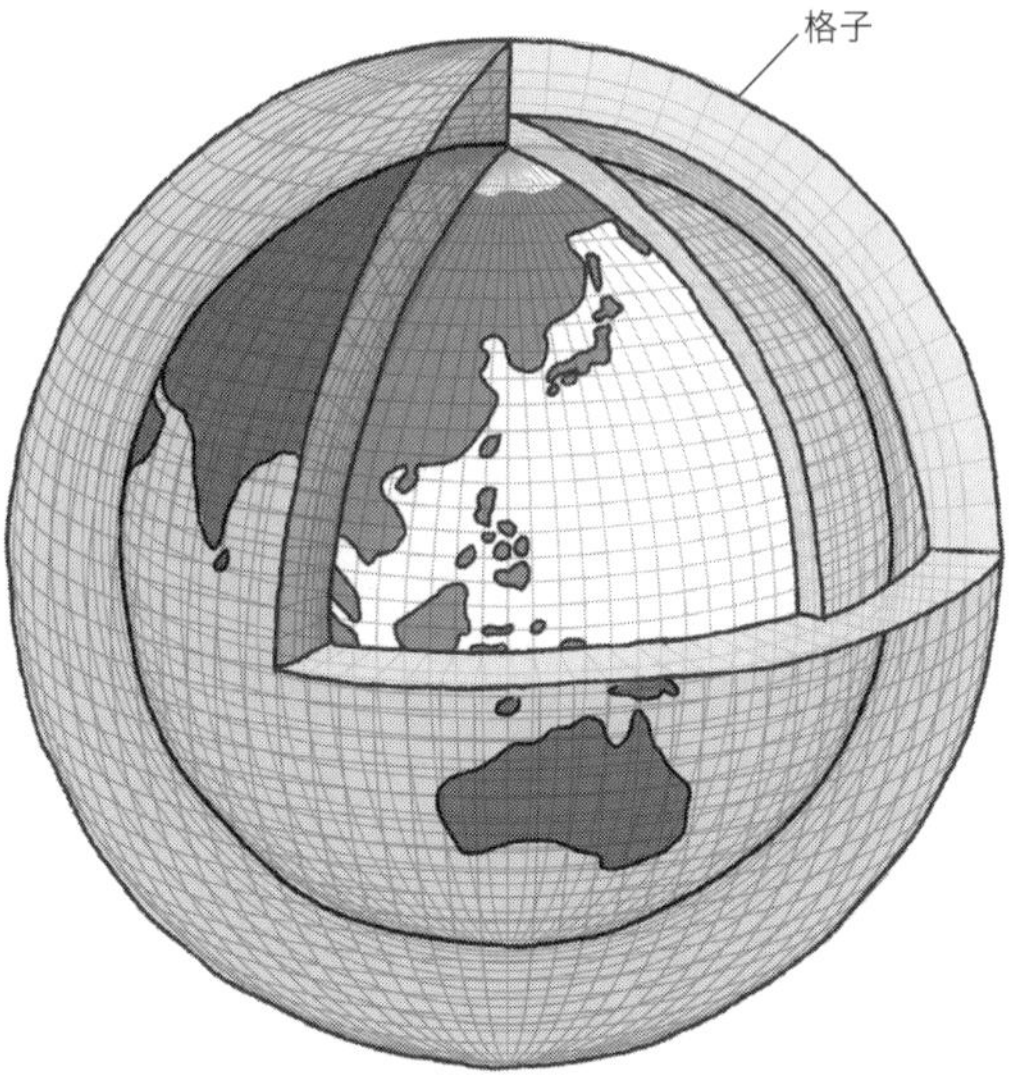

図5-6.　数値予報で使用する、仮想の地球と大気のイメージ

大気を細かな格子に区切り、温度や湿度など大気の状態をあらわす値を割りあて、物理法則に基づいた予報のプログラムを用いて計算を行う。

計算をはじめる際に、あらかじめすべての格子にあたえておく値を「初期値」とよびます。この初期値に、世界から集めた現実の観測データが使われるのです。

地球全体の大気の状態を予測するモデルを「全球大気モデル」とよびます。１日先の全世界の天気であれば、わずか10分程度で予測できてしまいます。全球大気モデルは、いくつかの国の気象機関が、独自に開発と運用を行っています。たとえば日本では気象庁、ヨーロッパではヨーロッパ中期予報センターやイギリス気象局、アメリカでは国立環境予測センターなどです。

地球全体の規模の大きな気象現象をカバーする全球大気モデルのほかにも、メソ気象モデルと局地気象モデルも数値予報に使われます。全球大気モデルよりはメソ大気モデルのほうが、メソ気象モデルよりは局地気象モデルのほうが格子の間隔が小さく、また時間をより細かくくぎって計算を行います。

気象には高・低気圧や積乱雲など、さまざまな規模の現象があります。数値予報のモデルは格子間隔が細かくなるほど、小さい規模の現象まで再現できるようになります。しかし格子間隔の小さなモデルでは計算量が膨大になっていきます。ですから、予報したい気象の規模に合わせたモデルが必要になるのです。

細かい格子間隔のモデルで規模の小さい局地的な気象を予報するためには、予測する地域をしぼるなどの工夫が必要です。計算量を減らすことで、効率的に計算を行うのです。このような局所的な計算モデルは、気象庁だけでなく一部の民間事業者も独自に開発し、それぞれの予報を行っています。

ちなみに日本では、明治5年（1872年）に初の気象観測所が函館に開設され

図5-7.　虎ノ門の東京気象台

ました。その3年後に東京都港区虎ノ門に東京気象台が開設され、1日3回の気象観測がはじまりました（図5-7）。

そして明治17年（1884年）6月1日に、ドイツ人の気象学者エルビン・クニッピング（1844〜1922）により、日本初の天気予報が出されたのです。その内容は「全国一般風ノ向キハ定リナシ天気ハ変リ易シ但シ雨天勝チ」という、わずか一文のとてもシンプルなもので、東京の派出所などに掲示されました。

雲や地形を考慮して、天気の変化を計算する

それでは、いったいどのようなしくみで、天気の変化を計算で知ることができるのでしょうか。計算モデルが何をもとに計算しているのか、簡単に説明します。まず数値予報モデルでは大気の流れ、つまり風を支配する「運動方程式」と大気・水蒸気量の変化にかかわる「質量保存の式」、気温変化にかかわる「熱力学第一法則」や「気体の状態方程式」といった、大気を支配する基本法則が使われています。これがいわば、数値予報モデルの〝骨格〟となります。これらの要素に加え、太陽光や、太陽に温められた地面や雲が放つ熱、地表・海面の影響を計算に反映するのです（図5－8）。

大気は太陽光で直接温められるというよりも、太陽光を吸収した地表や海面によって下から温められています。ですからそうした効果は、地表が針葉樹でおおわれているのか、あるいは草原なのか、積雪や海氷があるのかなどを考慮したうえで見積もられ、計算に反映されています。

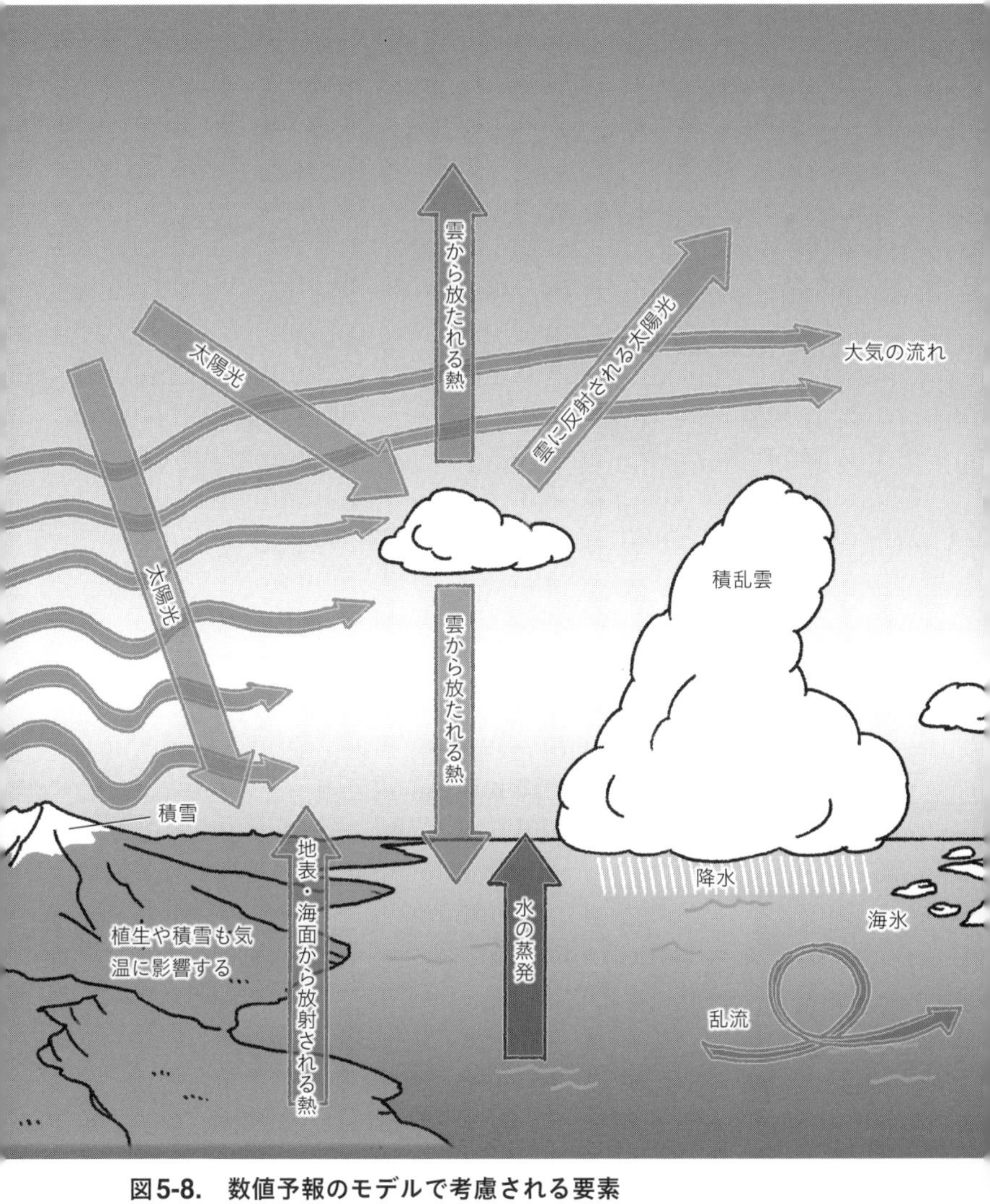

図5-8.　数値予報のモデルで考慮される要素

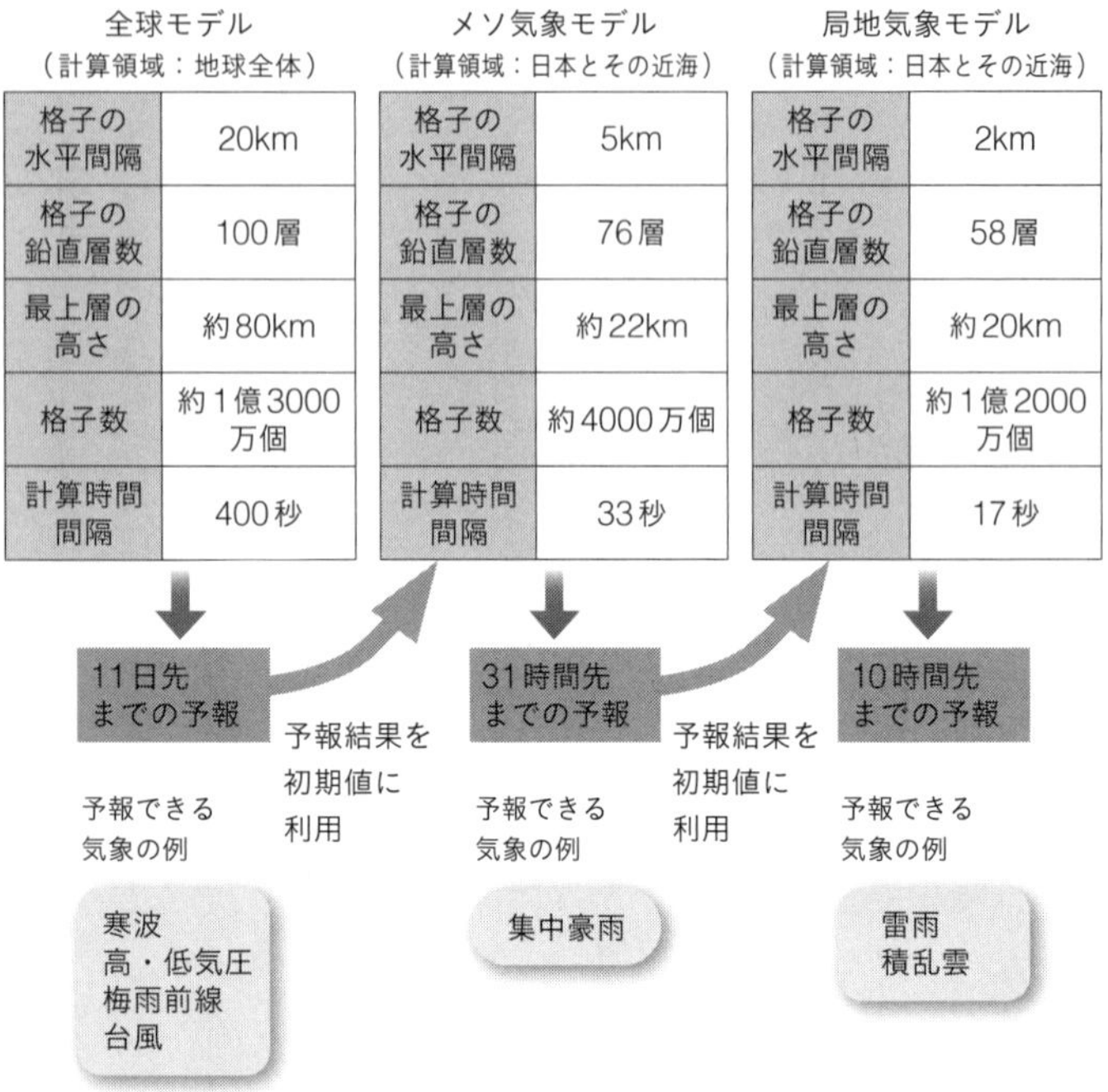

図5-9.　さまざまなモデルの計算結果を組み合わせ、天気を予想する

さらにモデルには、地形の情報も取りこむ必要があります。地形が気流へおよぼす影響も考慮するわけです。

雨をもたらす雲は天気予報にとって非常に重要です。しかし格子間隔より小さな規模の現象は、直接は表現できません。そのため格子間隔よりも小さな雨雲などの影響は近似的に見積もられていて、その上で計算に組みこまれています。

天気予報では、今日や明日の降雨降雪をより精度よく判断して予報するために、前出のメソ気象モデルや局地気象モデルも含めた計算結果を組み合わせて使っています（図5－9）。

計算値を翻訳して完成する天気予報

では、ここまで説明してきたことを踏まえて、コンピューターを使った数値予報の全体像を見てみましょう。

まず予報計算は「地球全体の現在の大気の状態」を出発点、つまり「初期値」として計算をスタートします。しかし気象衛星が広く観測しているとはいえ、広大な大気の現在のようすをすべての地点で知ることは困難です。現代の気象観測網をもってしても、モデルのすべての格子を埋めるほどの観測データは得られません。そのため、一つ前につくられた予報結果が初期値のベースとして利用されます。このとき入力された値を「第一推定値」とよびます（図5－10の1）。

次に第一推定値と「最新の観測値」を照らし合わせて、ずれのある個所を修正します。最新の観測データが反映された「もっともらしい現在の大気の状態」が数値化されるわけです。これを計算を行う前の「初期値」として利用します(2)。

初期値づくりは、数値予報の精度にとって非常に重要な過程です。数値予報では、小さな誤差が時間とともに増大する性質があります。いかに誤差の少ない初期値をつくれるかどうかが、予測精度を左右するのです。

初期値ができると、それをもとに、コンピューターで計算します。この計算は、先ほど紹介したさまざまな大気の基本法則や地形の影響がベースとなっています。

さらにコンピューターが初期値をもとに計算したあとには、結果の自動補正が行われます。たとえばモデルの格子の粗さでは無視されてしまう小さな島や盆地も、その付近の気温や雨量などに大きな影響をあたえます。そこで、そのような地域ごとの特性に合うよう、気温が高くなりやすい地形の場所は気温を高めにするなど、予報計算で出した値を補正するのです。この補正は、過去の統計データをもとに自動処理されています。

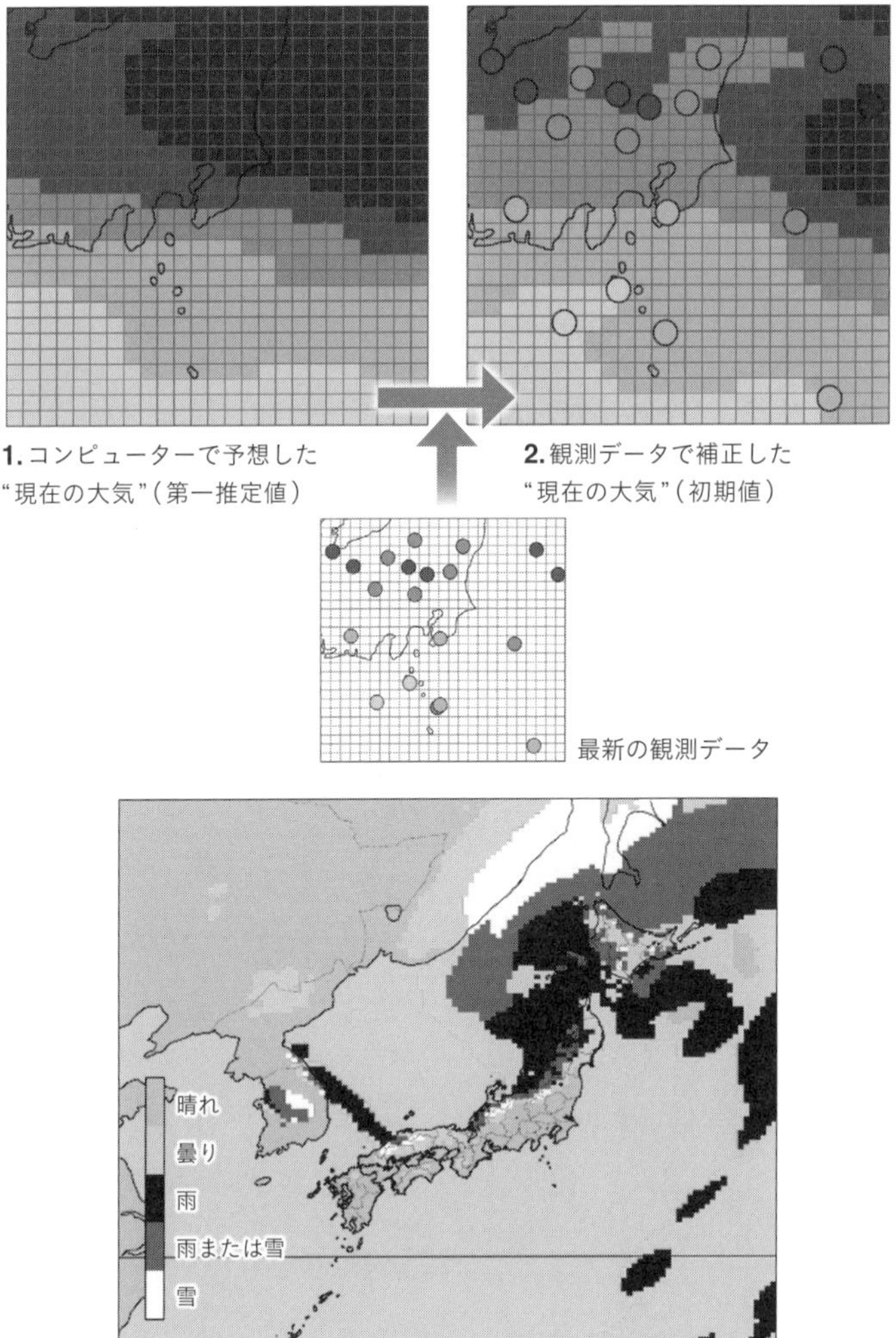
3. 精度を高める／“翻訳”する

図5-10.　予報計算の方法

予報計算のあとには、予報業務に利用しやすい形にデータを変換する処理が行われます。数値予報の結果は数字の羅列ですので、そのままではあつかいにくいため、コンピューターに「晴れ」や「雨」などの天気、降水確率、最高気温、最低気温など、人が理解しやすい形にデータ変換、つまり「翻訳」を行わせます(3)。これでようやく、いつも私たちが見ている天気予報の形にたどり着くのです。

先になるほど、予報結果の誤差は大きくなる

天気予報は一般に、予報期間が長くなるにつれ、予報結果の誤差が大きくなっていく傾向があります。その理由は、大気のふるまいにカオスの性質があらわれるためです。前述した通り数値予報では初期値のわずかなずれが、計算をくりかえすうちに予想結果の大きなずれにつながります。この現象がカオスです。

ちなみに、このカオスは1960年代初頭、気象学者のエドワード・ローレンツ(1917~2008)が、気象モデルをコンピューターに解かせていた際に発見しました。

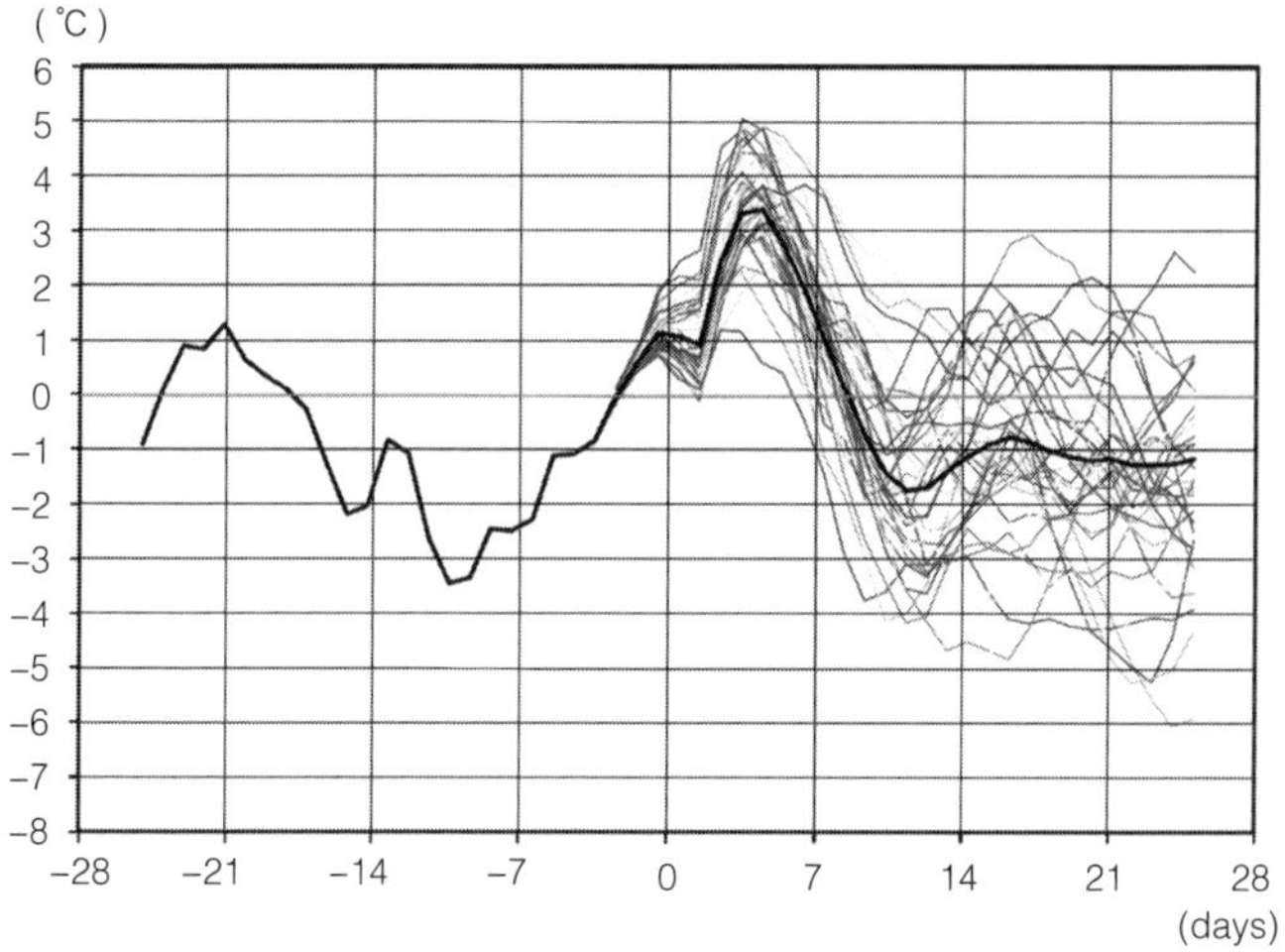

図5-11.　850hPaの気温偏差

現在は、1週間以上先の長期予報では、格子点のデータを複数用意して計算し、その平均値をとる「アンサンブル予報」が使われています。つまり、おおまかな傾向を確率的に求めるというわけです。

たとえば、図5－11のグラフは850hPa、地上約1500メートルの気温の平年差を予測した1か月間のアンサンブル予報の例です。50本の細い線が複数の予測結果を示し、太い線がそれらを平均したものを示します。予測結果からおおまかに、月の前半は平年よりも気温が高く、後半は平年よりも低くなることが見てとれますね。

このようにして行われる1か月間のアンサンブル予報では、たとえば「東日本の気温は平年よりも低い確率が20％」といったぐあいに発表されます。

それから気象庁のウェブサイトでは、週間天気予報の後半5日間の降雨の有無について、アンサンブル予報で得られた予報の「信頼度」を高いほうからA、B、Cの3段階で評価しています。信頼度を見れば予報があたりそうか、はずれそうかがわかるわけです。

また1か月をこえる季節予報では、異常気象を引きおこすエルニーニョ現象など、海洋と大気の変動を合わせて予報することが必要です。そこで2010年2月から「大気海洋結合モデル」を導入し、精度向上がはかられています。

0％でも雨が降るのはなぜ？

ところで、天気予報で降水確率0％だったにもかかわらず、雨に降られて困ったことはありませんか。そもそも0％なのに降ることもある降水確率とは、どのようなものなのでしょう。

気象庁が発表している降水確率とは「その地域で6時間以内に、1ミリ以上の雨が降る確率」のことです。降水確率は、その時間帯に合計1ミリ以上の雨が降るか降らないかの確率ですので、降水確率が100％でも雨量が多いとはかぎりません。ですから降水確率が0％でも、1ミリ未満の雨が降るという場合があり得ます。

また、そもそも降水確率は1の位が四捨五入され10％刻みで発表されています。ですからたとえ降水確率が4％あっても、0％と発表されるわけです。

また降水確率は、断続的に降るか連続的に降るかも問いません。さらに予報地域内はどこでも同じ確率であり、その地域内のどこで降るかも特定していません。つまり「どこかで合計1ミリ以上降ると、雨が降ったことになる」ということになります。

降水確率は、気象庁がもっている過去の膨大な気象データを使って算出されています。たとえば「降水確率が30％」のときは、予想された大気の状態と同じような事例を過去のデータの中から集めたときに、100回中30回雨が降っていた

用語	意味
一時	現象が連続的におき、その現象がおきる期間が予報期間の4分の1未満のときに使います。基本はくもりで、雨が1日の4分の1(6時間)未満、連続で降るときは「くもり一時雨」です。
時々	現象が断続的におき、その現象がおきる期間の合計時間が予報期間の半分未満のときに使います。基本は晴れで、断続的にくもりになり、くもりの時間が1日の半分未満のときは「晴れ時々くもり」です。
のち	予報期間内の途中で現象が変わるとき、その変化を示すときに使います。午前中は晴れで、午後からくもりになるときは「晴れのちくもり」です。

図5-12. 「一時」「時々」「のち」の意味

ということを根拠に発表されているのです。

降水予報が「確率」という形で発表されるのは、降水にかかわる現象が複雑なためです。また降水をもたらすような雲が小さく、スーパーコンピューターを使っての正確な予報がむずかしいため、ということもあります。ですから、予報官や予報士が予報からもれた雲などを、衛星画像などを使って監視することも大切な業務なのです。

では、実際に雨の予報はどのくらいの確率であたるのでしょう。気象庁では天気予報の降水確率や降水の有無、最高気温・最低気温のあたりはずれを検証し、その結果を発表しています。「降水の有無」が的中した率で見ると、全国平均で8%程度となっています。

ちなみに「時々晴れ」や「一時雨」といった用語が天気予報でよく使われていますが、実はこれらの用語は、予報期間に対してその気象がどのくらいの時間を占めるかで使い分けられています。「一時」「時々」「のち」の意味は、それぞれ図5－12のようになります。

ゲリラ豪雨は予測できる

ゲリラ豪雨などの私たちの日常生活をおびやかすような天気は、とくにその予報技術の向上が求められています。ゲリラ豪雨は「いきなり大雨が降ってくる」ためそのようによばれており、残念ながら現在の天気予報ではこのような局地的大雨を十分に予測できません。

なぜゲリラ豪雨を予測できないかというと、天気予報がスーパーコンピューターで計算される数値予報を土台にしているためです。一つの積乱雲によってもたらされることの多い局地的大雨は、どちらかというと「小さな規模の現象」です。先ほどお話ししたように、数値予報ではモデルの格子間隔よりも小さなサイズの気象については「近似的」な予測しかできません。すべての天気予報を全球モデルではなく、格子の細かい局地気象モデルで行えたらよいのですが、それでは計算に大変な時間がかかってしまいます。また現状の局地気象モデルでも、規模の小さい局地的大雨を、十分に予測できないのです。

そこで気象庁では「ナウキャスト」とよばれる予測情報を発信しています。ナウキャストは「ナウ」、つまり「現在」と「フォーキャスト」、つまり「予報」を組み合わせた造語です。通常の数値予報とはことなり、比較的単純な計算式を使って予測と観測を短い期間でくりかえす手法です。これを使えば1時間ほど先の現象なら、ある程度精度よく予報することができます。これは、急激に変化する積乱雲のようすなどを予測するのに向いています。

またナウキャストには降水、雷、竜巻の発生確度の3種類があり、ウェブ上で公開されていますので、誰でも見ることができます。たとえば「高解像度降水ナウキャスト」であれば、気象用レーダーによって得られた情報と、雨量計での観測値と、上空の気温や風などの観測データをもとに予測が行われています。

集中豪雨や局地的大雨などによる被害を防ぐため、そのほかにもさまざまな試みが行われています。たとえば気象庁では、2013年8月から警報の発表基準をはるかに超える大雨や大津波等が予想され、重大な災害の起こるおそれが非常に高まっている場合に「特別警報」を発表しています。

また2019年5月からは、日本で災害の発生リスクが高まった際に気象庁が発表する「防災気象情報」の運用が開始されました。これは大雨警報、土砂災害警戒情報、指定河川洪水予報および高潮警報を対象とした5段階の警戒レベル（大雨・洪水・高潮警戒レベル）を発表し、報道機関や自治体等を通じてさまざまな手段で国民に適切な行動を促すものです。

そして気象庁気象研究所では、スーパーコンピューター「富岳」を用いて30秒ごとに更新するリアルタイム数値天気予報を行うなど、ゲリラ豪雨の予測研究にも取り組んでいます。

さらに、2030年の運用開始を目指し、計算能力を富岳の5～10倍に高め、世界最高水準のAI性能も搭載する後続のスーパーコンピューターの開発方針もまとめられています。

また、より高速な雨粒のスキャンが可能なレーダーも開発されており、これが本格的に運用されれば、雨の検知時間が大幅に短縮できる可能性があります。ほかにも理化学研究所では、最新の気象レーダーの情報を局地気象モデルにあたえて富岳でゲリラ豪雨を予測し、スマートフォンのアプリから公開する、といった試みもはじめています。

このように、予測がむずかしい局所的な気象現象を予測するため、さまざまなチャレンジがなされています。こういった試みを重ねることにより、いつの日かゲリラ豪雨が〝ゲリラ〟でなくなる日がくるかもしれません！

天気図から天気がわかる！

ここからは「天気図」の見方についてお話ししましょう。テレビニュースなどでも頻繁に出てくる天気図は、天気予報に欠かせない重要なものです。数値予報の結果や最新の観測データなどの気象資料をもとに、地域別の天気を予想するのが天気予報ですが、その気象資料の中心になるのが天気図なのです。

実は、天気図にはいくつか種類があります。まずはニュースや新聞でよく見る、地上の大気のようすをえがいた「地上天気図」を紹介しましょう。図5－13は、２０１４年3月5日21時（日本時間）の天気図です。ぐねぐね曲がりくねった線がたくさんありますね。この線は、気圧が同じ地点を結んだ「等圧線」です。等圧線は１０００ｈＰａを基準に4ｈＰａごとに引かれており、２０ｈＰａごとに太線でえがかれています。

等圧線により大気の流れ、つまり風を把握できます。風はおおよそ気圧の高い場所から低い場所へ向かって吹きますから、気圧の高低から風の向きがわかるというわけです。さらに気圧の変化が急激なほど風は強く吹くため、等圧線の間隔から風の強さを読みとることができます（図5－14）。等圧線の間隔がせまい、つまり急激に気圧が変わっているということですので、この天気図からは風が強いということがわかります。

図5－13等圧線の上には、ＨやＸなど、さまざまな記号や数字が載っていますね。等圧線が輪っかのように閉じ、周囲より気圧が高い場所は「高気圧」、低い場所は「低気圧」です。天気図では高気圧は高やＨ、低気圧は低やＬの記号で示されます。高気圧や低気圧の中心には×印が記され、気圧の値がｈＰａの単位で

① **等圧線**
気圧が同じ地点を結んだ線。1000hPaを基準にして4hPaごとに引かれ、20hPaごとに太線でえがかれる。

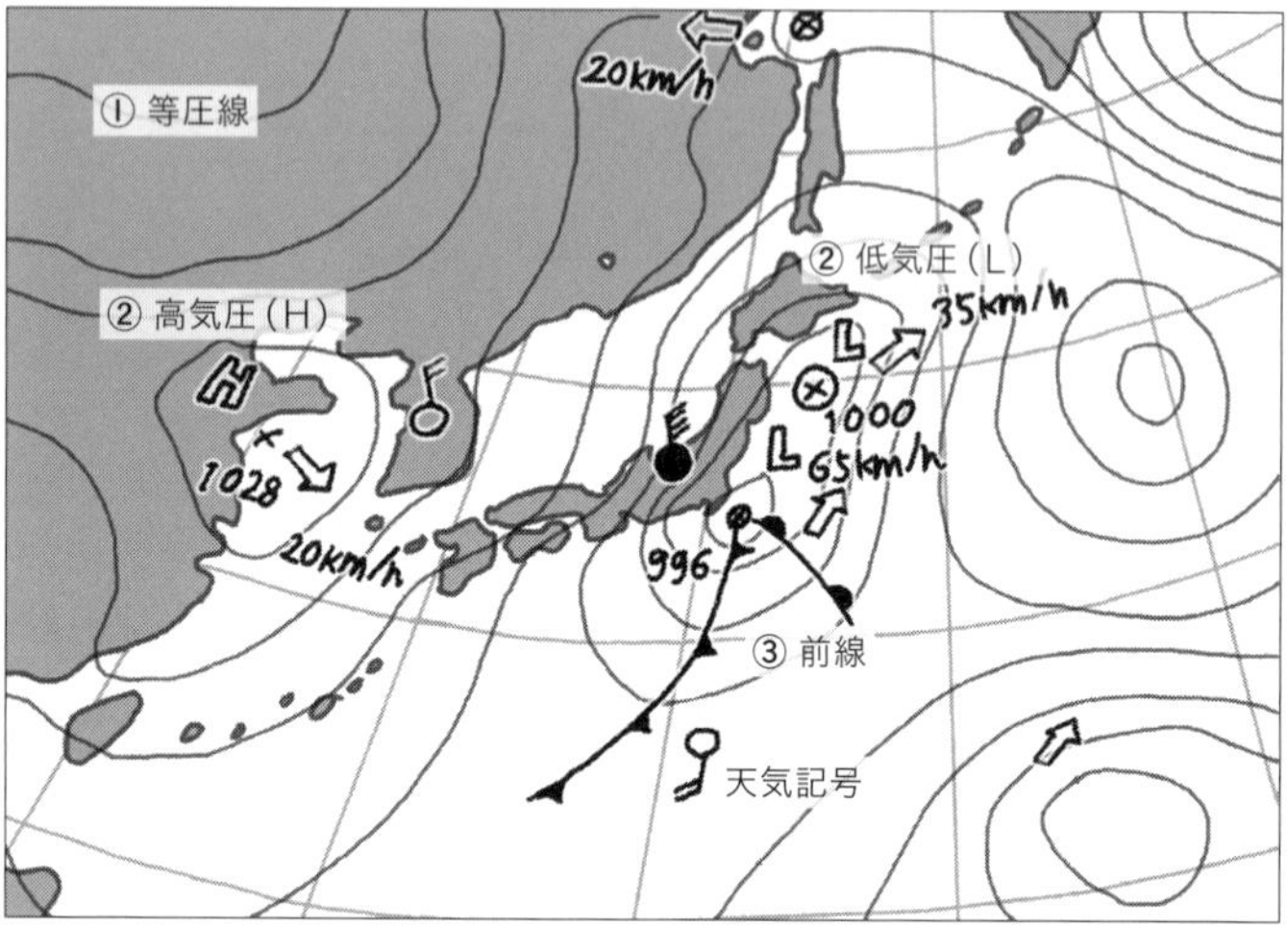

② **周囲より気圧が低いと「低気圧」、**
周囲より気圧が高いと「高気圧」
高気圧は「高」や「H」(Highの略)、低気圧は「低」や「L」(Lowの略)の記号で示される。高気圧や低気圧の中心には「×」印が記され、気圧の値が「hPa」の単位で示される。高気圧では晴れやすく、低気圧では天気がくずれやすくなる。

③ **前線**
前線は移動方向などによって種類がことなる。寒気団側に移動する温暖前線、暖気団側に移動する寒冷前線、同じ位置にとどまっている停滞前線、寒冷前線が温暖前線に追いつく閉塞前線がある。前線では上昇気流があるため、悪天候になりやすい。

図5-13. 2014年3月5日21時(日本時間)の天気図
関東地方の東の海上と三陸沖に低気圧があり、北東に進んでいる。また低気圧や前線の付近で、天気がくずれていると予想される。

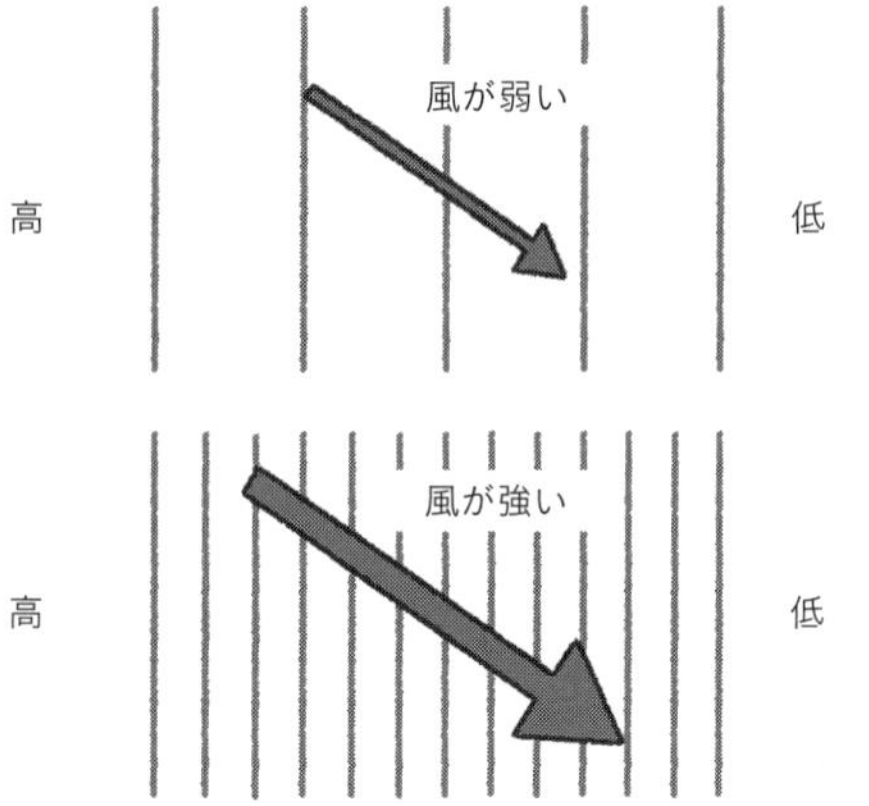

図5-14.　等圧線で「風」を把握できる

示されています。つまりHの場所は高気圧で下降気流が生じているため、よい天気、Lの場所は低気圧で上昇気流が生じているため天気が悪いということがわかります。

また、図5－13の下のほうにある前線は、三角がついているものが寒冷前線、半円がついているものが温暖前線です。

このように、地上天気図の高気圧や低気圧の位置、前線の位置に注目することで、現在の天気のおおまかな傾向を把握することができます。

天気が一目でわかる天気記号

さて、天気図を読み解くには、「天気記号」の理解も重要です。天気記号は観測地点の天気のようすをあらわすもので、世界中で一般的に使われるものを「国際式天気記号」といいます。国際式天気記号では、丸い円の中に雲量を表し、円の上下に上層・中層・下層の雲形を記します（図5－15）。

円の左右は現在の天気、悪天候が観測されたときは過去の天気を示します。それから気温や露点、つまり水蒸気を含む空気が冷えたときに結露する温度や、気圧変化の情報までわかるようになっています。

一方、日本の新聞やニュースで使われているのは、国際式天気記号を簡単にした「日本式天気記号」です（図5－16）。図5－13に書きこまれていたのは、日本式の天気記号です。

日本式天気記号では、丸い円の中に天気をあらわします。また矢羽根の向きは16方位の風向き、羽根の数は風力をあらわしてます。国際式とくらべてずいぶん

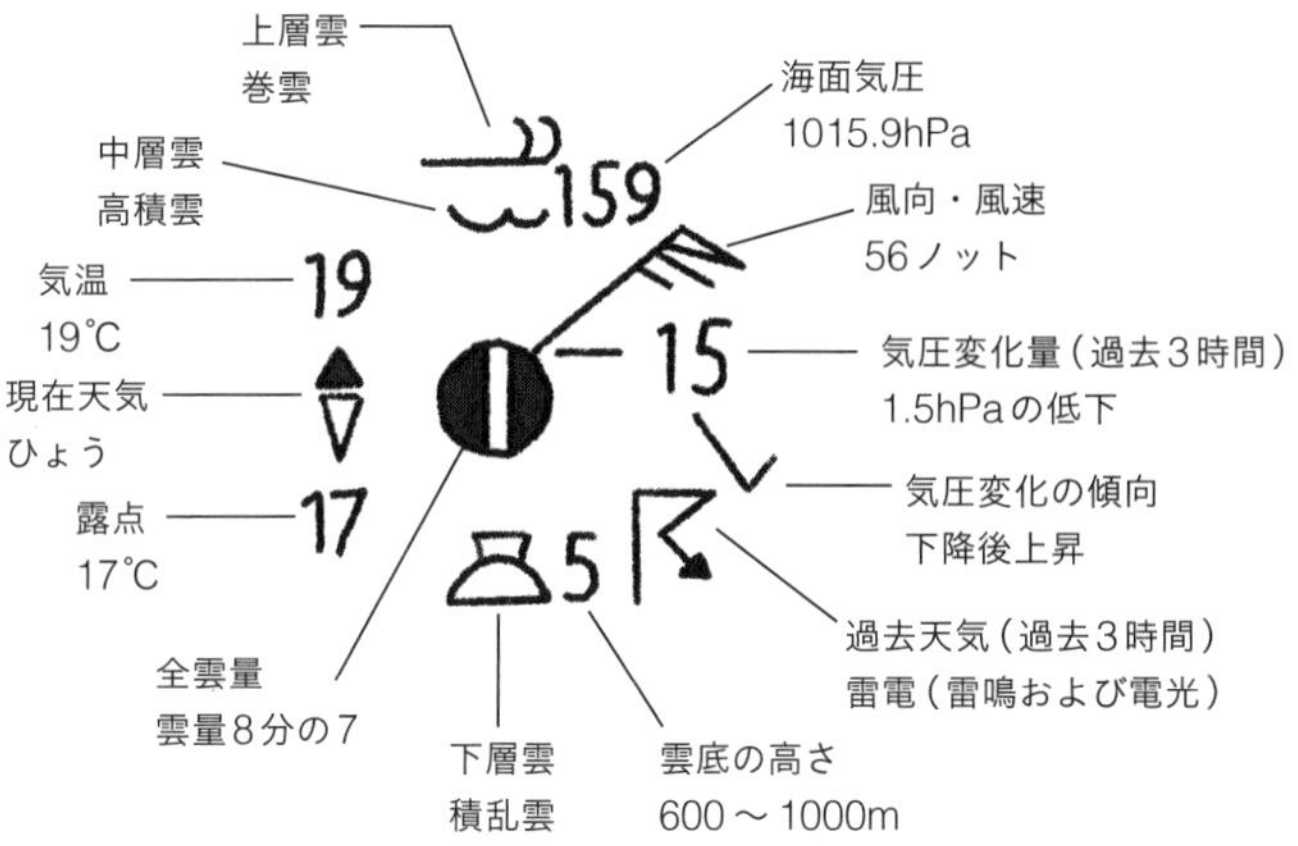

図5-15.　国際式天気記号

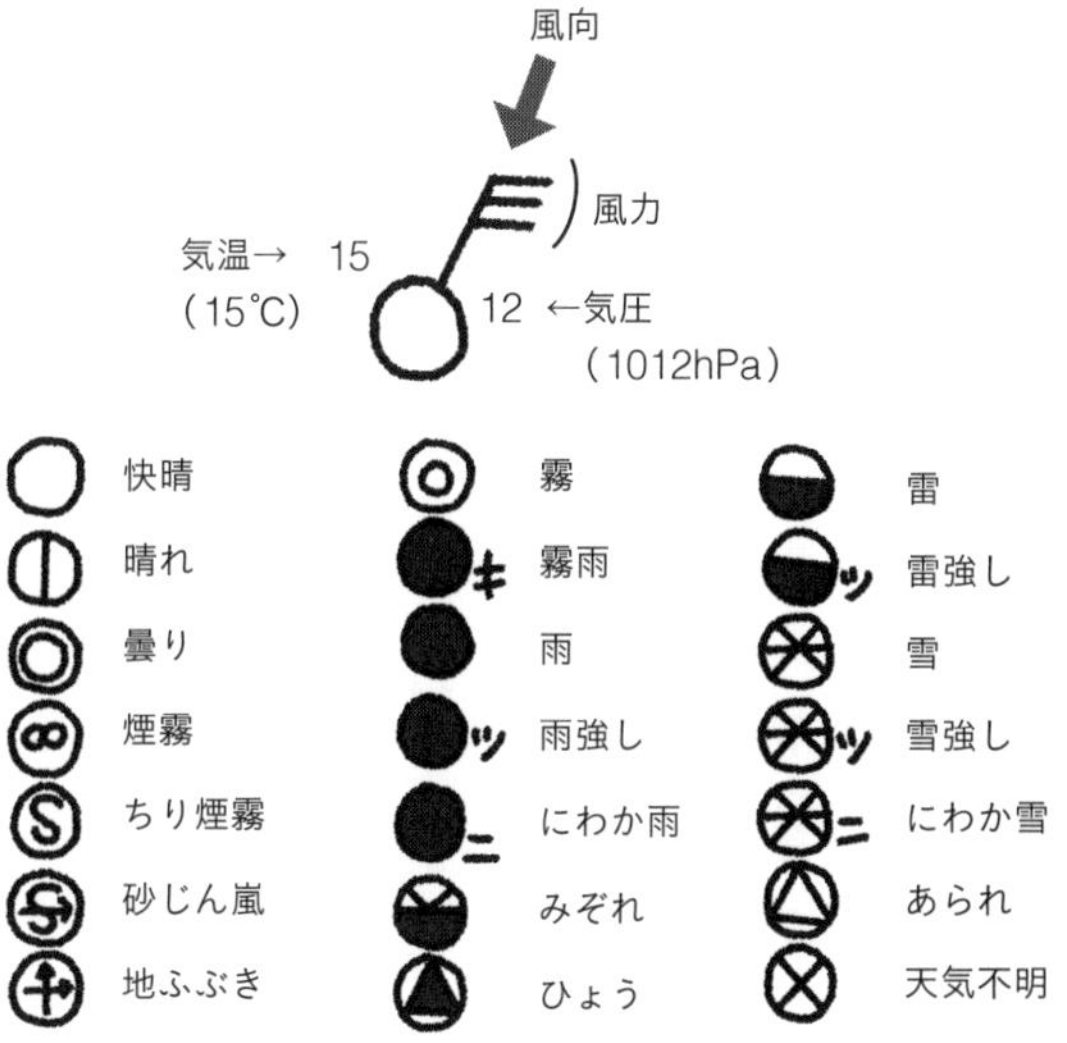

図5-16.　日本式天気記号

図がすっきりしていますが、これは国際式は過去の天気までわかるのに対し、日本式は簡便なものとなっているためです。

春夏秋冬の天気図を見てみよう

日本の春夏秋冬それぞれの、代表的な天気図を見ていきましょう。天気図を見れば、日本全体の天気がどのような傾向にあるのかがわかります。まず、春や秋の天気図を見てみましょう（図5－17）。この天気図には、西から東に移動する移動性高気圧が見られます。この高気圧の影響で、全国的に天気は晴れ、

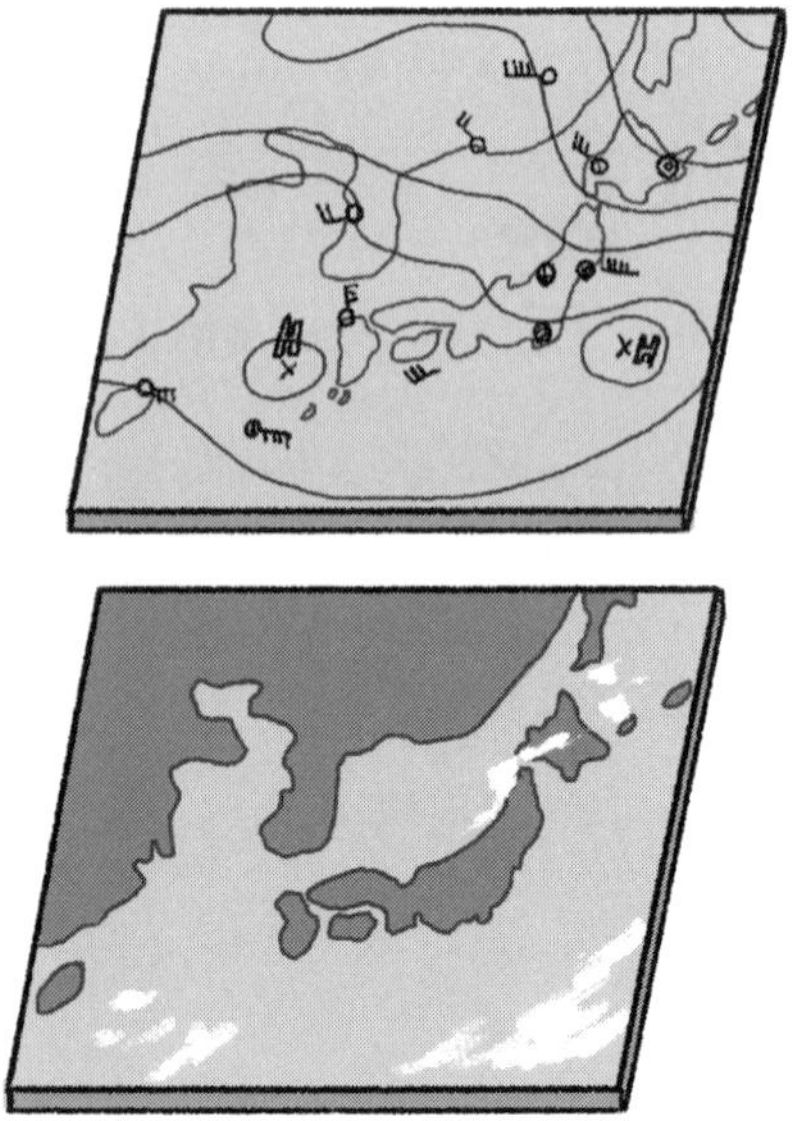

図5-17.　春と秋の天気図

雲はあまり見られません。

次に、天気の移り変わりがわかる天気図を紹介します。図５－18の天気図は１９９５年４月13日朝９時から24時間ごとのものです。低気圧が左からやってきて、右に動いているように見えますね。

１枚目では、本州付近は高気圧におおわれ、おおむね晴れでした。しかし２枚

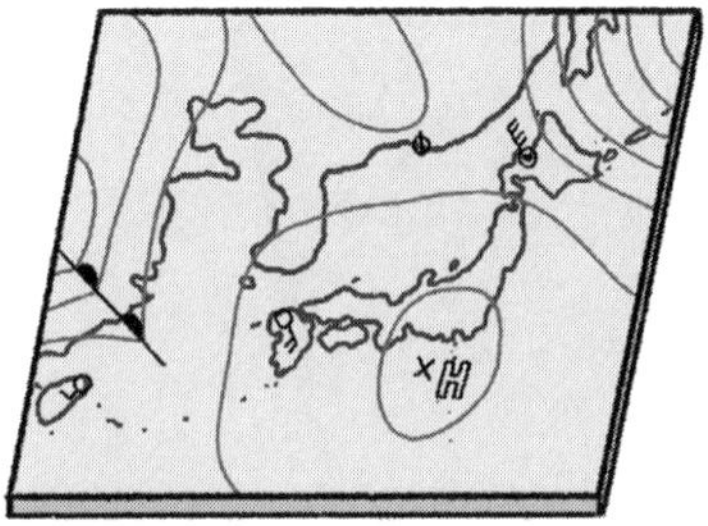

本州付近は、高気圧におおわれて
おおむね晴れ。

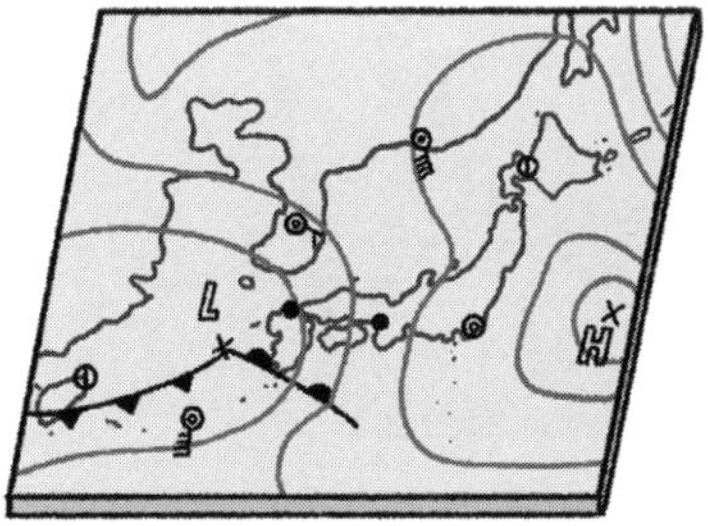

低気圧があらわれ、西日本では雨。

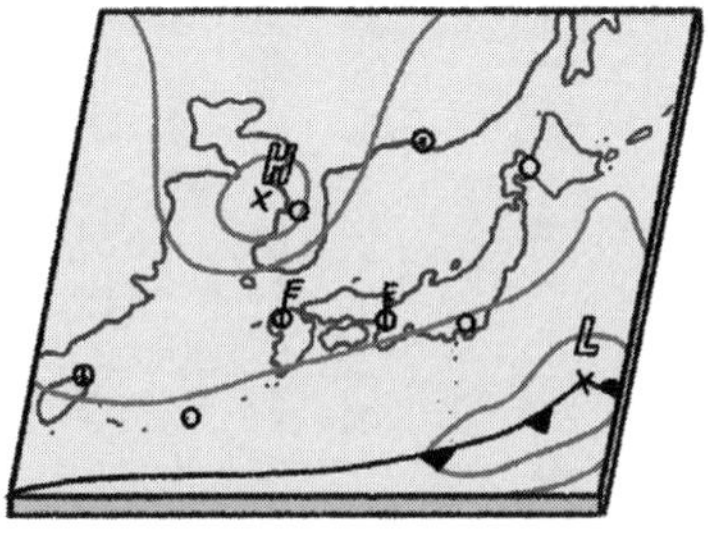

低気圧が去り、ふたたび高気圧が
おおい全国的に天気は回復。

図5-18.　1995年4月13日朝9時から24時間ごとの天気図

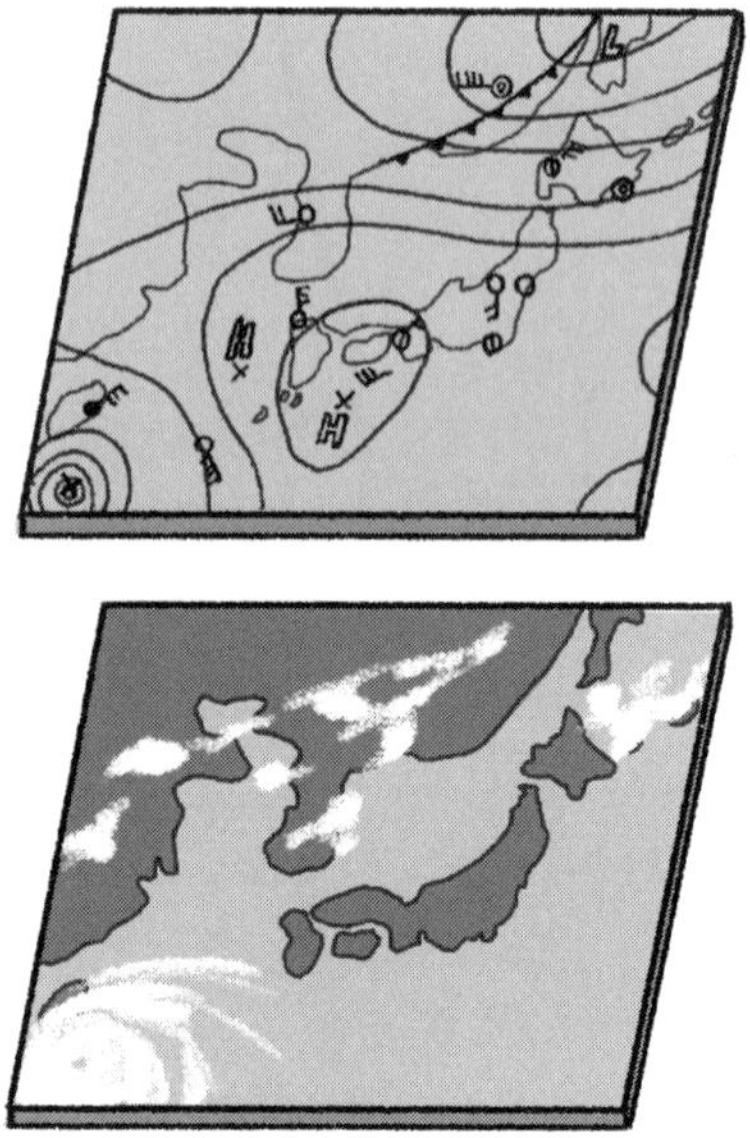

図5-19.　夏の天気図

目では西から低気圧があらわれ、西日本では雨となっています。そして3枚目で低気圧が東のほうへ去り、ふたたび高気圧の影響で全国的に天気は回復しています。このように高気圧と低気圧が次々とやってくるため、春と秋は天気が変わりやすいのです。

　つづいて、夏の天気図を見てみましょう。右下のほうから高気圧が張りだしています（図5－19）。この太平洋高気圧におおわれていると、日本付近を低気圧が通過することも少なく、天気のよい日がつづきます。「南高北低の気圧配

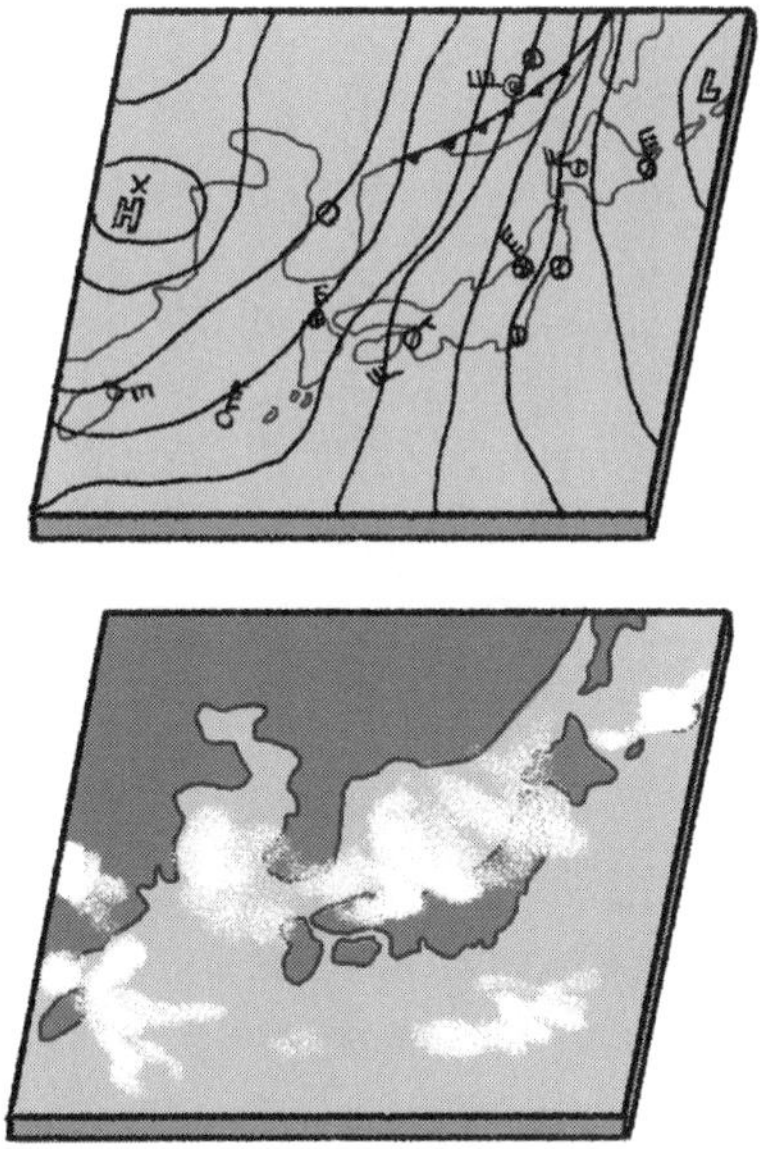

図5-20.　冬の天気図

置」ということですね。

　最後に冬の天気図です。冬は西側の気圧が高く、東側が低くなっている、つまり「西高東低の気圧配置」です（図5－20）。風向きは西から東になりそうなものですが、地球の自転の影響で風向きが曲げられ（コリオリの力）、北西の風が吹くことになります。

　こうして日本海側は雪や雨が多く、太平洋側は晴れて乾燥するという日本の冬の気候が読み取れるのです。季節ごとの傾向を考えれば、天気図を見ることで日本全体のようすがわかる、ということですね。

温帯低気圧の一生を天気図で知る

次は、頻繁に悪天候をもたらす温帯低気圧が発達・衰退していくようすを天気図で見てみましょう。第2章でお話ししましたが、温帯低気圧は寒気と暖気の間で発達し、温暖前線と寒冷前線をともなう低気圧です。天気がくずれる原因となるため、天気予報には非常に重要です。

実際に2014年3月4日、5日、6日の午後9時の天気図を見ていきましょう。まずは3月4日の天

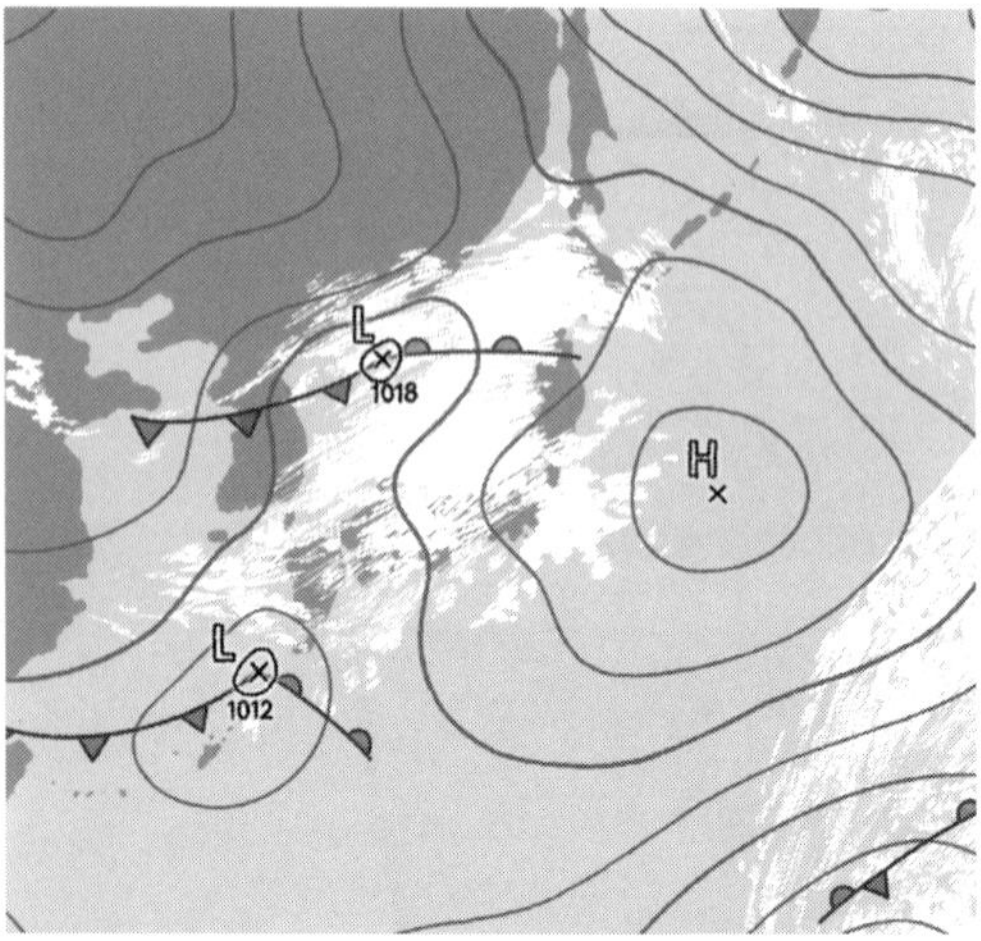

図5-21.　2014年3月4日午後9時の天気図

発生初期の前線が、温暖前線と寒冷前線が東西にのびた形になっている。

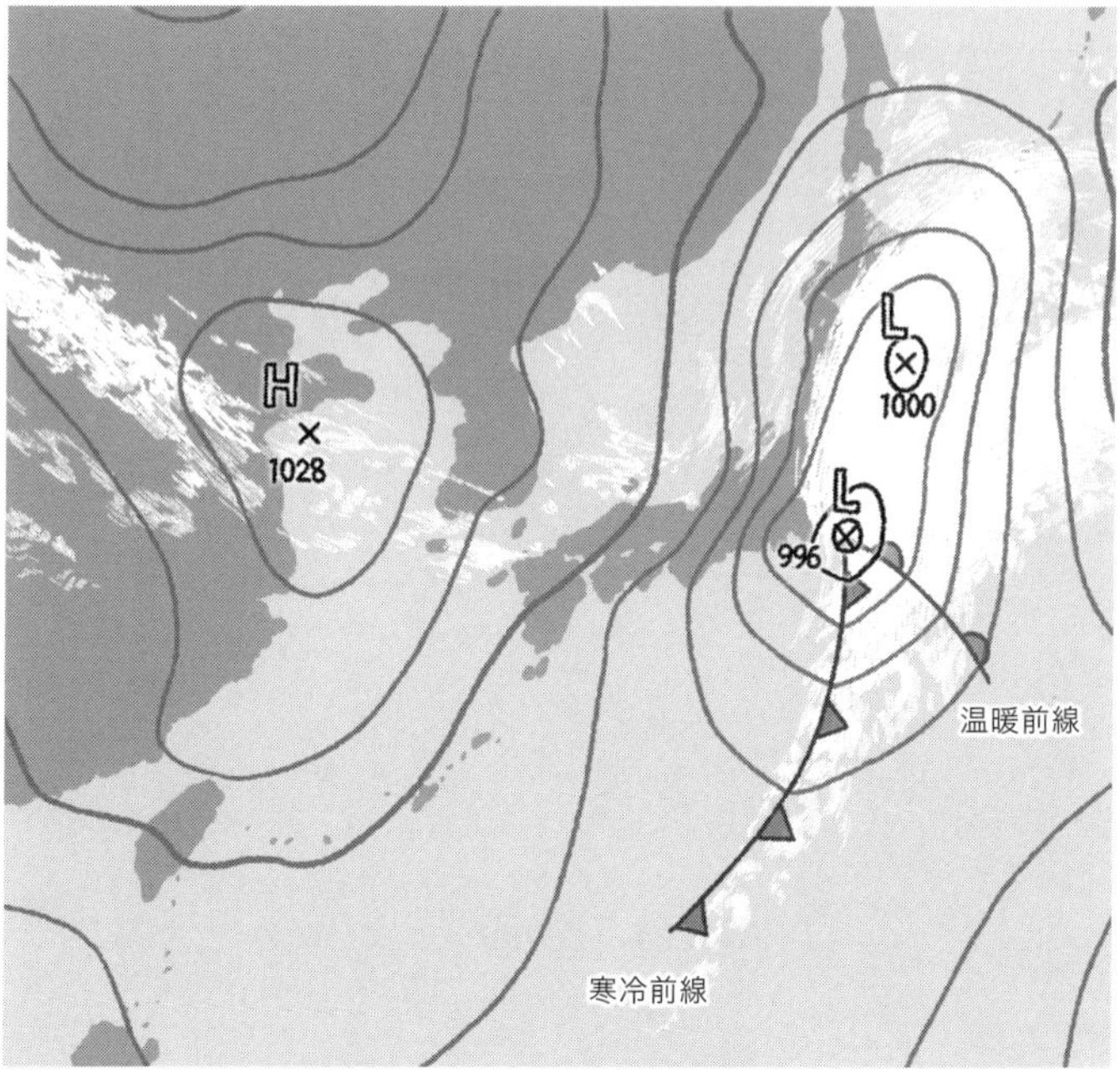

図5-22.　2014年3月5日午後9時の天気図

低気圧の発達につれて前線が折れ曲がり、雲が発達している。

気図です（図5－21）。温帯低気圧の発生は、前線があらわれることでわかります。発生初期の前線は、温暖前線と寒冷前線が東西にのびた形になっていますね。

次の3月5日の天気図では、低気圧の発達につれて前線が折れ曲がっていきます（図5－22）。寒冷前線は動きが速く、温暖前線は動きが遅いという特徴があるため、寒冷前線と温暖前線の間がど

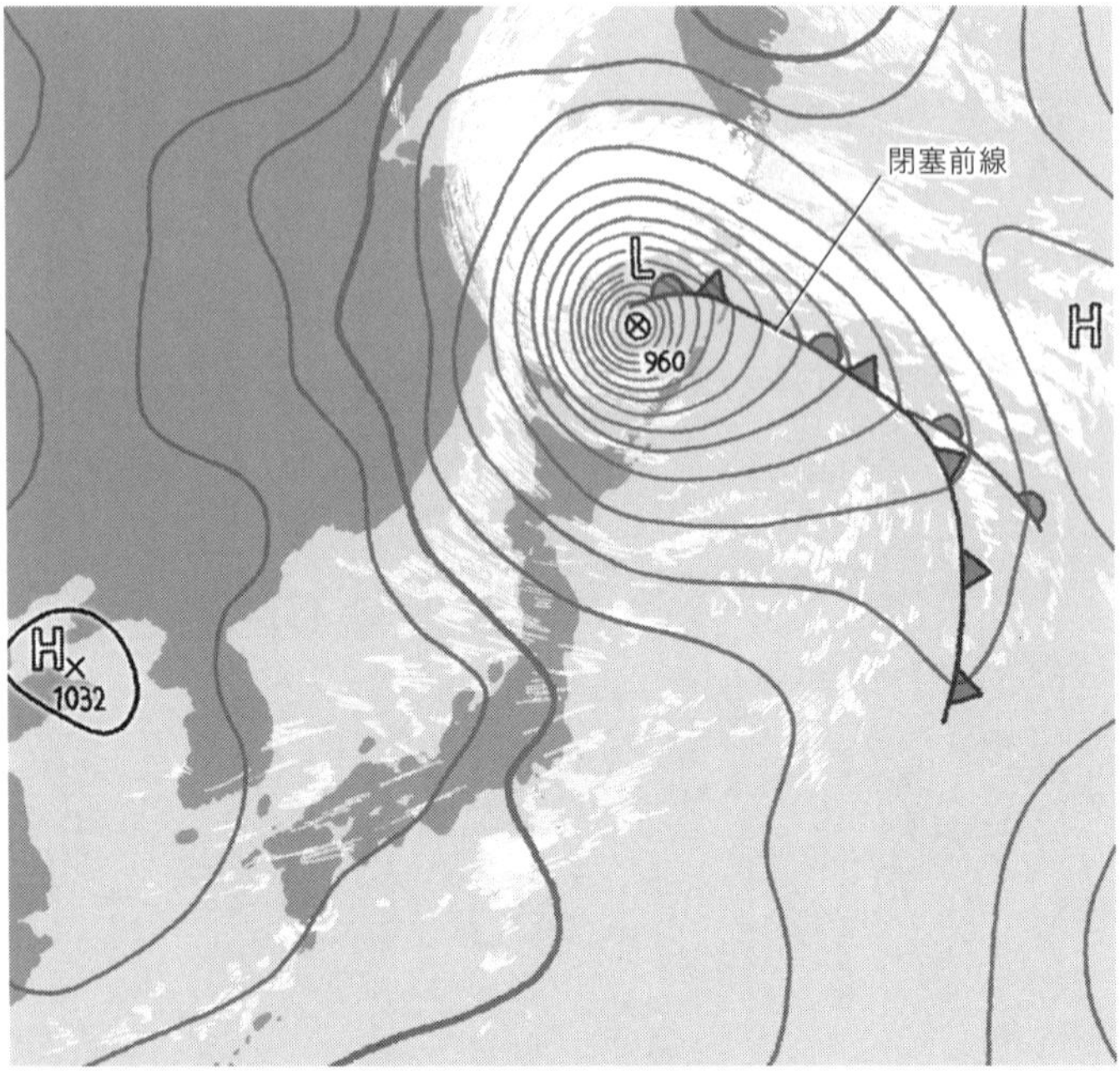

図5-23.　2014年3月6日午後9時の天気図

低気圧の中心に向け寒気と暖気が渦を巻き、同時に雲も渦巻き状になる。

んどん狭まっていくためです。このとき、前線付近では雲が発達していきます。

最後に、3月6日の天気図を見てみましょう。寒冷前線が温暖前線に追いつきました。低気圧の中心に向け寒気と暖気が渦を巻いていき、同時に雲も渦巻き状になっていきます（図5－23）。このあと完全に寒冷前線が温暖前線に追いつくと停滞前線となり、低気圧は衰退していきます。

このように日本では、雨は温帯低気圧が衰退するまでずっと降っています。「発達期の温帯低気圧」が通るため、低気圧がくれば雨が降りつづくのです。しかしイギリスでは、渦巻き状の雲をともなう「衰退期の温帯低気圧」が通過するため、短時間で雨が降ったり止んだりをくりかえします。同じ温帯低気圧でも、どの発達段階のものがやってくるかで、天気は変わるのです。

温帯低気圧の雲は特徴的な形をしているため、雲の衛星画像からも発達段階を推測することができます。実際の天気予報の業務では、雲画像と天気図が、低気圧の位置や発達過程を推定するために活用されています。

ちなみに第３章で熱帯低気圧についての説明をしましたが、温帯低気圧とは別ものです。温帯低気圧は蛇行した偏西風のもとで、極域側の寒気と低緯度側の暖気が混ざり合おうとして渦を巻いたものです。一方、熱帯低気圧は温められた海上で、大量の水蒸気を含む空気が上昇することで発生します。

温帯低気圧には二つの前線ができますが、熱帯低気圧は寒気と暖気がぶつかり合っているわけではないため、基本的に前線はもちません。このように、天気図を見れば温帯低気圧と熱帯低気圧を見わけることもできるのです。

天気図を読んで、台風に備える

次は台風の襲来を天気図で見てみましょう。図5－24は、台風接近時の天気図です。まず、やってきた台風の勢力の目安となるのが、台風の「中心気圧」です。この数値が低いほど、台風の中心に向かって吹く風が強い傾向にあります。

１９５１～２０１４年第11号までの統計によると、これまで上陸直前に最も低かったのは、１９６１年の第２室戸台風が記録した９２５ｈＰａでした。このとき高知県・室戸岬の観測所では、最大瞬間風速で秒速84・５メートルを記録しています。「猛烈な台風」の基準が秒速54メートルですから、猛烈な台風の基準をはるかにこえる台風だったことがわかりますね。中心気圧を見れば、そういった台風の強さも把握できるのです。

台風は反時計まわりに風が吹きこみますから、その東側は南風が吹いていています。日本付近の台風は北東方向に向かうことが多く、その移動速度が加算される

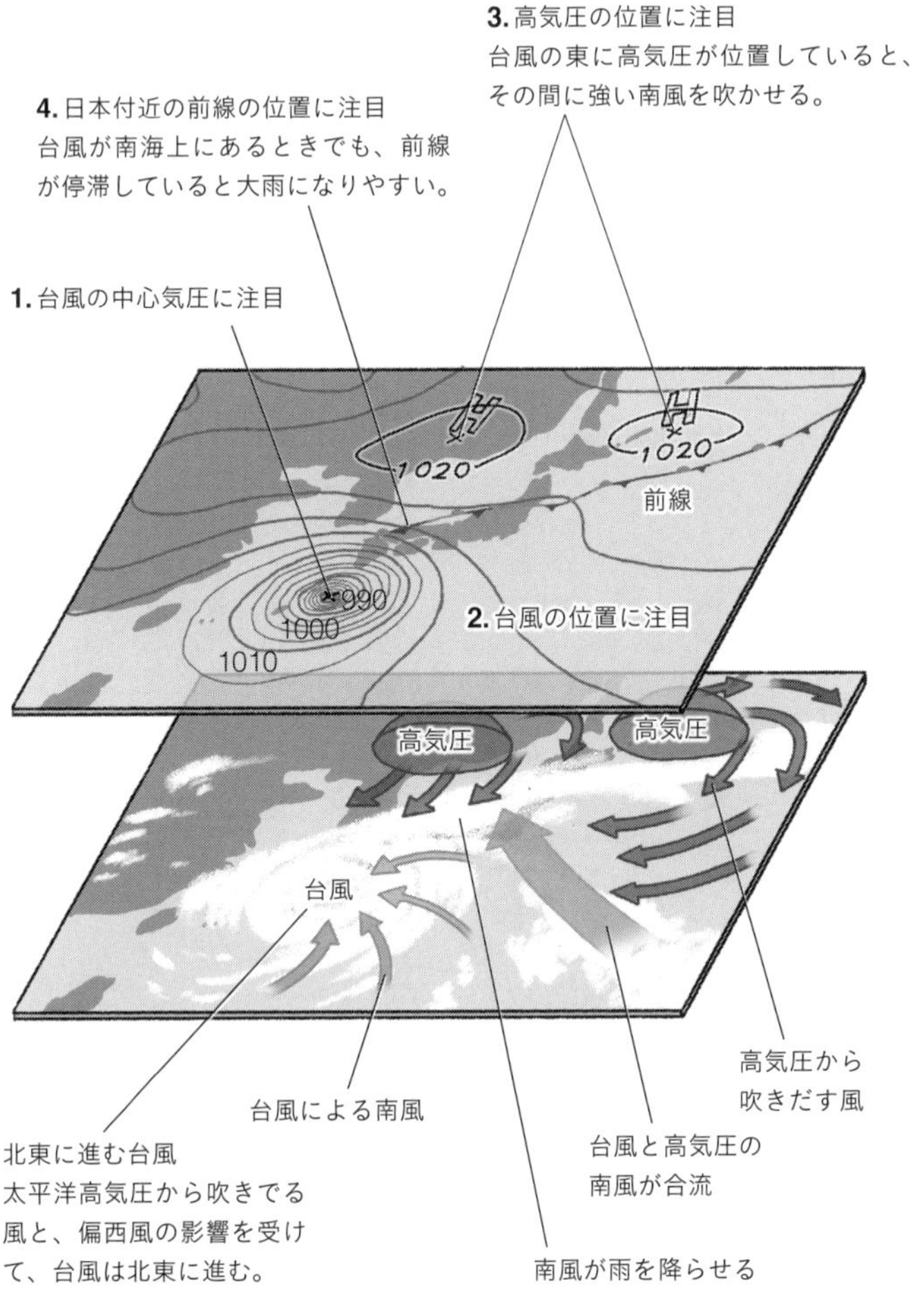

図5-24.　台風接近時の天気図

ため、台風の風は東側でとくに強くなります。

また一般に、台風の中心に近いほど上昇気流がはげしく、雨が強くなります。しかし台風の中心から遠くはなれていても、台風の風によって大量の水蒸気が日本に運ばれ、豪雨をもたらすことがあります。このときに注意したいのは台風の位置と、日本付近の高気圧の気圧配置と、前線の存在です。

天気図を見たとき、西に台風、東に高気圧が位置していると、その間には強い南風が吹きます。この南風が太平洋上の水蒸気を日本列島に運びこみ、日本に豪雨をもたらすことがあるのです。

とくに日本付近に前線があると、その北側の高気圧からの北風と、台風のまわりの南風がぶつかり、台風が南海上にあるときでも日本で大雨になりやすくなります。台風の進行方向に陸地がない場合、海水面の温度しだいで台風はさらに強くなる可能性がありますから、注意が必要です。

台風接近時の天気図は、図５－24の１～４にもあるように、台風の中心気圧に注目→台風の位置に注目→周辺の高気圧の位置に注目→日本付近の前線の位置に注目するといった手順で読んでみることをおすすめします。ここを注意して見れば、台風がどれくらい危ないかが推測できるでしょう。

気象庁では台風の5日（120時間）先までの24時間刻みの予報を、6時間ごとに発表しています。

また台風の予報でよく見かける白い破線の円は「予報円」といい、台風の中心が到達すると予想される範囲を示しています。予報した時刻にこの円内に台風の中心が入る確率は70％ですが、あわせて参考にしてみてください。

専門家が使う「高層天気図」

さて、いよいよこの本も終わりに近づいてきました。最後のテーマは「高層天気図」です。ここまでは、新聞などでよく目にする、海抜0メートルの気圧を示した「地上天気図」を紹介してきました。一方、高層天気図は、上空の大気のようすをあらわしたものです。「主に専門家が使う天気図」といえるでしょう。天気予報の業務では、高層天気図を見ながら予報のシナリオづくりに役立てているのです。

地上天気図が正確性に欠けるというわけではありませんが、天気を左右する雨雲のようすは上空の大気の流れ、とくに寒気の流入や温かく湿った気流の影響を強く受けます。したがって、地表面の気圧配置を見ても予測がむずかしいのです。そのため、上空の大気の情報が必要になります。

次の天気図が高層天気図です(図5－25)。高層天気図は、見方に注意が必要です。一般的に気圧は、高度1500メートル付近は850hPa、3000メートル付近は700hPaというように、同じ場所でも高度が高くなるにつれて低くなっていきます。そこで高層天気図では、同じ気圧が上空何メートルにあるのかを、等高度線で示しています。

たとえば700hPaの高層天気図で「2880」と書かれていたら、その地点では高度2880メートルの気圧が700hPaだということになります。地上天気図では等圧線がえがかれるのに対し、高層天気図には同じ気圧を示す場所の「高度」を示した「等高度線」がえがかれているのです。高層天気図でも、等高度線の数値が高い地点ほど、周囲よりも気圧が高くなります。そのため、地上天気図と同じように見ることができます(図5－26)。

上空の風は等高度線に対して平行に吹く

風は気圧の高い場所から低い場所へ向かって吹こうとするが、地球の自転の影響（コリオリの力）を受けて、進行方向右側に進路を変える。地表との摩擦がない上空では、気圧傾度力とコリオリの力がつり合うところまで向きが変わり、等高度線（等圧線）に対して平行に風が吹く。また、等高度線の幅がせまいほど、風速は強くなる。

ジェット気流を読みとく

この天気図の高度では、ジェット気流がわかる。地上の天気をくずしやすい低気圧は、おおむねジェット気流の下を通る。このため、天気が変化していくおおまかなコースを知ることができる。

等高度線

その高層天気図が示す気圧に達する高度

注：等高度線の値から、北が低圧、南が高圧になっていることがわかる。

気圧の谷と尾根を読みとく

対流圏のちょうど中層にあたり、高層大気を代表する天気図。この天気図では、まず「気圧の谷」や「気圧の尾根」を調べる。また、「上空の寒気」などといわれるのはこの500hPaの等圧面の温度から読み取られる。

等高度線が低圧（北）側から高圧（南）側へ突きだしている場所は、周囲（図の左右）よりも気圧が低く、気圧の谷とよばれる。

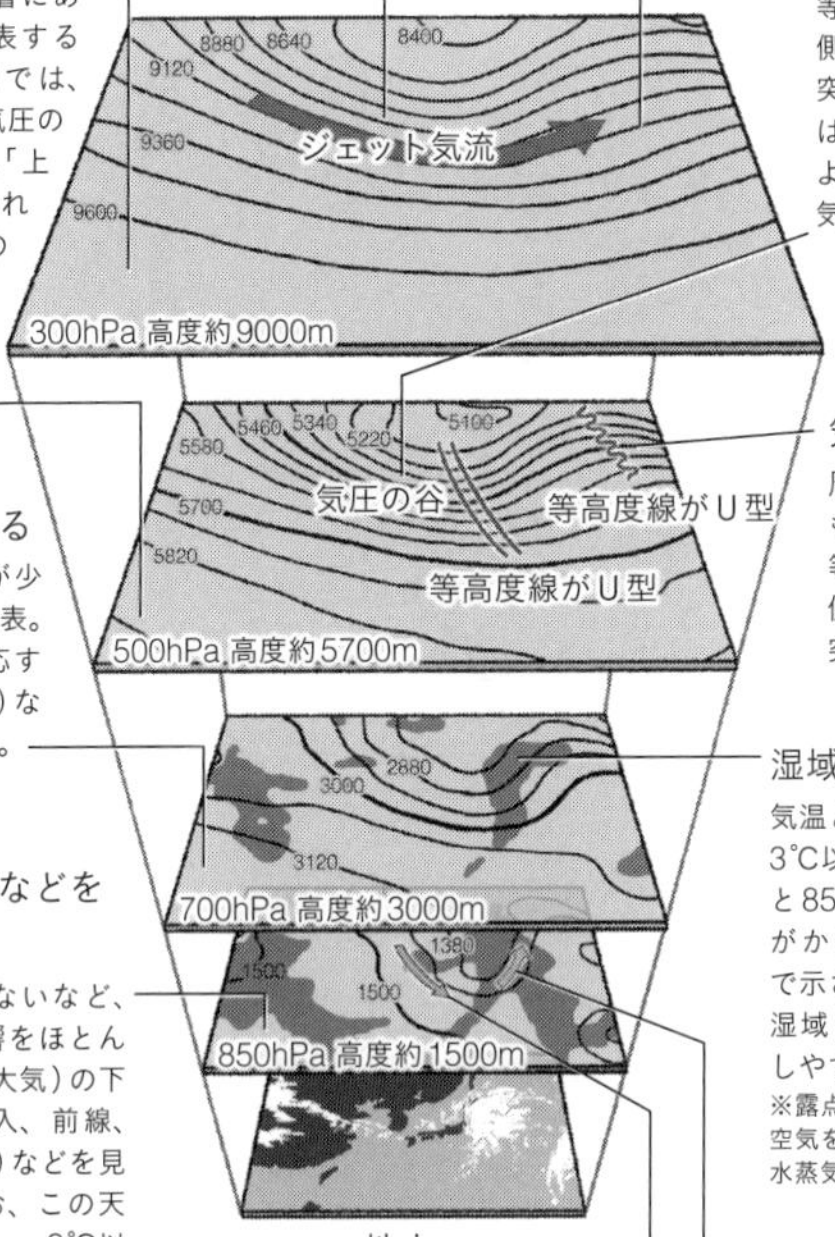

気圧の尾根

周囲（図の左右）よりも気圧が高いところ。等高度線が高圧（南）側から低圧（北）側へ突きだしている場所。

水蒸気の分布を見る

山などの地形の影響が少なくなる下層大気の代表。主に、雲の分布に対応する水蒸気の分布（湿域）などを見るのに使われる。

湿域

気温と露点温度※との差が3℃以下の領域。700hPaと850hPaの天気図にえがかれる（実際はドットで示される）。この領域は湿域とよばれ、雲が発生しやすい領域。

※露点温度：水蒸気を含んだ空気を冷やしていったときに水蒸気が水に変わる温度。

暖気・寒気の流入などを読みとく

気温が昼夜で変動しないなど、地上の熱や摩擦の影響をほとんど受けない大気（自由大気）の下限。暖気・寒気の流入、前線、湿度の高い場所（湿域）などを見るのに使われる。なお、この天気図での気温が−6℃〜−3℃以下であれば、地上で雪が降る目安となる。

暖気の流入

暖気から寒気への風の流れ。

寒気の流入

寒気から暖気への風の流れ。

図5-25.　高層天気図

高層天気図を読むポイントを紹介します。たとえば等高度線が低圧側から突きだしている場所は「気圧の谷」、高圧側から突きだしている場所は「気圧の尾根」とよばれ、それぞれまわりより気圧の低いところ、高いところを示します。（図5－27）

上空の気圧の谷と地上の低気圧の位置関係は、低気圧が今後発達していくかどうかの判断材料になります。もし上空の気圧の谷が地上の低気圧の西にあれば、低気圧は発達していきますが、気圧の谷が真上にあれば、低気圧はそれ以上発達できません。

また上空の気圧の谷は寒気をともなっていることが多いため、上空に気圧の谷があると、地上に低気圧や前線がなくても大気が不安定になり、天気がくずれやすくなります。地上だけでなく上層の大気の状態まで把握しないと、天気の変化は予測できないというわけです。

さて、ここで空の不思議を解き明かす「天気の旅」は終わりです。ここまで紹介したのは天気や気象のごく初歩のお話ですので、もし本書を読んで興味をもたれた方は、さらに発展的な本に挑戦してもよいかもしれません。

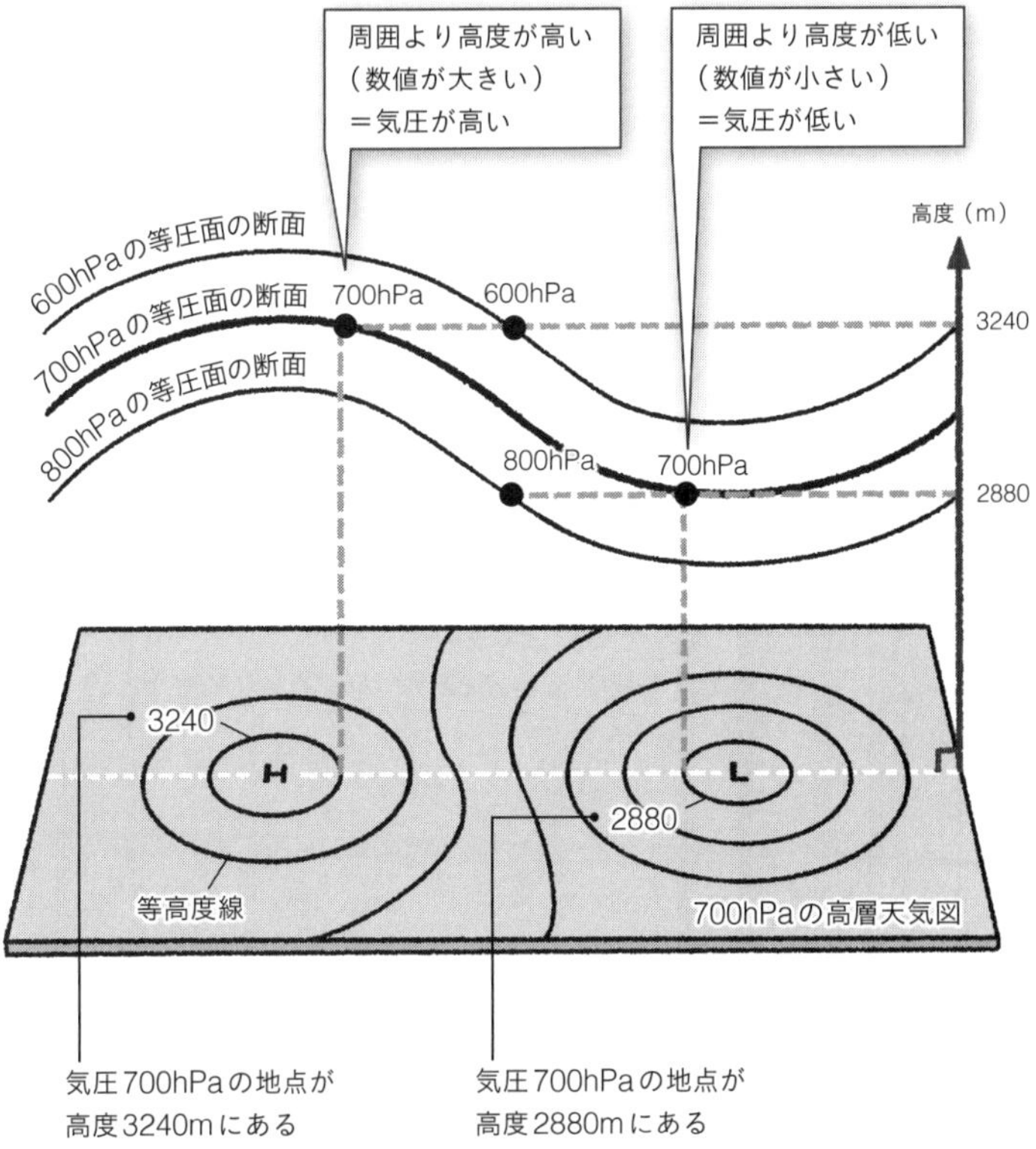

図5-26. 「高層天気図」でも、数値が大きい地点ほど気圧が高い

地上天気図で等圧線がえがかれるのに対し、高層天気図には同じ気圧を示す場所（等圧面）の「高度」を示した「等高度線」がえがかれている。等高度線の値が大きいところは周囲よりも気圧が高いため、地上天気図と同じように見ることができる。

気圧の尾根
周囲（図の左右）よりも気圧が高いところ。等高度線が高圧（南）側から低圧（北）側へ突きだしている場所。

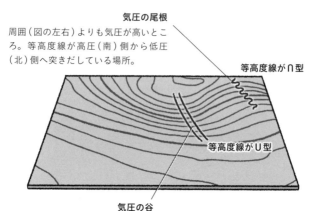

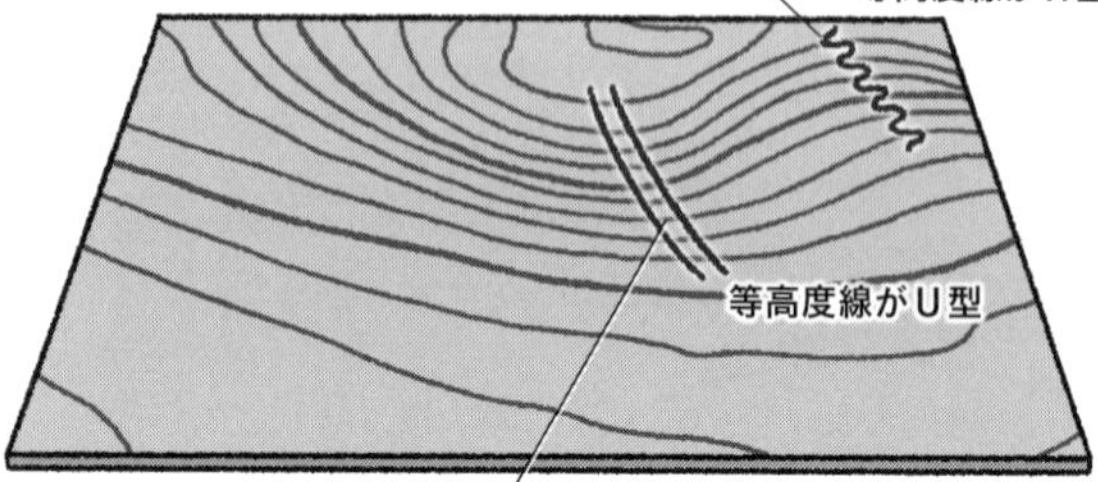

気圧の谷
等高度線が低圧（北）側から高圧（南）側へ突きだしている場所は、周囲（図の左右）よりも気圧が低く、気圧の谷とよばれる。

図5-27. 「気圧の谷」と「気圧の尾根」

上空の「気圧の谷」と地上の低気圧の位置関係は、今後低気圧が発達していくかどうかの判断材料になる。

人類は長い歴史のなかで、生活に大きな影響をあたえる天気の秘密を解明しようとしてきました。そして天気を予測する、つまり未来の天気を知ることを熱望し、努力してきたのです。その努力の結果が現在の天気予報です。

これからは、ぜひ空や雲、天気予報を意識して見てみてください。今まで目にしてきた空模様や天気図が、きっとちがって見えるはずですから！

Staff

Editorial Management　中村真哉
Editorial Staff　井上達彦，山田百合子
Design Format　村岡志津加（Studio Zucca）

Illustration

表紙カバー	佐藤蘭名，松井久美	84~85	佐藤蘭名	161	佐藤蘭名
15~17	佐藤蘭名	86	Newton Press	163~165	松井久美
19	松井久美	87~89	佐藤蘭名	168~169	松井久美（地図データ：Reto Stöckli, Nasa Earth Observatory）
20~31	佐藤蘭名	91	Newton Press	171	松井久美
32	松井久美	95	松井久美	176~189	佐藤蘭名
34~35	佐藤蘭名	96~97	佐藤蘭名	191	Newton Press，松井久美
36~37	松井久美	99~100	松井久美	200	佐藤蘭名
40~47	佐藤蘭名	101	松井久美，佐藤蘭名	201	松井久美
49~50	Newton Press	102	佐藤蘭名	203~204	佐藤蘭名
51	佐藤蘭名	104~105	松井久美	205	松井久美
52~53	松井久美	108~110	佐藤蘭名	206~207	佐藤蘭名
55	佐藤蘭名，松井久美	111~114	松井久美	208~210	松井久美
58	佐藤蘭名	115~117	佐藤蘭名	213	佐藤蘭名
59	松井久美	118	松井久美	217~220	松井久美
60~71	佐藤蘭名	121~135	佐藤蘭名		
73	松井久美	137	松井久美		
75~79	佐藤蘭名	140~153	佐藤蘭名		
82	松井久美	155~157	松井久美		
		159	Newton Press		

監修（敬称略）
渡部雅浩（東京大学教授）

Newton
本当に感動する サイエンス超入門！
空のふしぎを解き明かす 天気はなぜ変わるのか

2024年11月15日発行

発行人　松田洋太郎
編集人　中村真哉
発行所　株式会社 ニュートンプレス　〒112-0012 東京都文京区大塚3-11-6
https://www.newtonpress.co.jp/

ISBN978-4-315-52862-6